KB004630

상대성이론은

처음이지?

과학이 꼭 어려운 건 아니야 1

상대성 이론은 처음이지?

곽영직 지음

북멘토

상대성이론:
빛을 기준으로 다시 쓰는 물리학

상대성이론이 처음 등장한 것은 1905년이었다. 그러니까 상대성이론이 나온 지도 벌써 114년이나 되었다. 따라서 상대성이론은 최근에 나온 새로운 이론이라고 할 수는 없다. 그동안 과학자들은 상대성이론을 검증하기 위해 많은 실험을 했다. 여러 가지 실험적 검증을 거친 상대성이론은 이제 현대 물리학의 기초로 자리 잡았다. 따라서 상대성이론은 알아도 되고 몰라도 되는 이론이 아니라 현대를 살아가는 사람이라면 누구나 알아야 하는 이론이 되었다. 그리고 몇 년 전부터 우리나라에서도 고등학교 과학 교과 과정에 상대성이론이 포함되었다. 상대성이론을 공부해야 할 또 하나의 이유가 생긴 것이다.

그러나 상대성이론은 여전히 어렵다. 시중에는 많은 상대성이론 해설서들이 나와 있지만 그런 것들을 읽어보아도 이해가 잘 안 되기는 마찬가지이다. 우리는 살아가면서 감각 경험을 통해 알게 된 상식을 바탕으로 세상을 이해하려고 한다. 하지만 상대성이론은 우리의 감각 경험과는 다른 이야기를 한다. 상대성이론이 어려운 것은 이 때문이다. 따라서 상대성이론을 이해하기 위해서는 우리가 가지고 있는 상식이라는 편견에서 벗어나야 한다.

우리 마음속에 굳게 자리 잡고 있는 상식에서 벗어나 상대성이론을 쉽게 이해할 수 있는 좋은 방법은 없을까?

오래 전에 기하학에 관심이 많은 이집트의 왕이 있었다. 왕은 기하학이 재미있기는 했으나 너무 어려운 것이 문제였다. 그래서 당시 최고의 수학자였던 유클리드를 불러서 물었다.

"기하학을 배우는 쉬운 방법이 없을까요?"

유클리드는 한 마디로 대답했다.

"기하학에는 왕도가 없습니다."

왕이라고 해서 쉽게 기하학을 배울 수 있는 특별한 방법이 있는 것이 아니라 처음부터 차근차근 배워야 한다는 뜻이었다.

상대성이론에도 왕도는 없다. 그러나 아주 없는 것은 아니다. 상대성이론이 등장하는 과정을 한 발짝 한 발짝 차근차근 따라가는 방법이 있다. 이것은 상대성이론을 이해하는 가장 좋은 방법이다. 그러나 상대성이론이 등장하는 과정을 따라가다 보면 조금 어려운 물리학 이야기도 등장하고, 약간의 수학적 계산이 앞을 가로막기도 한다. 그런 것마저 없다면 이 방법이야말로 이집트 왕이 찾던 왕도라고 할 수 있겠지만 이것을 피해갈 수는 없다. 이런 것들을 모두 빼버리면 읽을 때는 쉬워 보이지만 다 읽고 난 후 상대성이론은 역시 어렵다는 결론을 내릴 것이다.

그러나 다행스런 것은 상대성이론으로 가는 길에서 만나는 물리 이야기나 수학 계산이 처음에는 조금 어려워 보여도 한 번 더 생각해보고 조금 더 차분하게 계산해 보면 그리 어려운 것이 아니라는 사실이다. 이 과정을 잘 넘기면 책을 다 읽고 난 다음에 상대성이론을 알게 되었다는 성취감을 느낄 수 있을 것이다.

예전에는 지구의 적도에서 북극까지 거리의 1000만 분의 1에 해당하는 길이를 1미터로 정한 자를 만들고, 이 자로 측정한 거리를 기초로 하여 물리학을 기술했다. 따라서 예전 물리학은 지구를 기준으로 한 물리학이라고 할 수 있다. 어찌 보면 무척 인간 중심적인 물리학이었다. 이런 물리학도 우리 주변에서 일어나는 일들을 설명하는 데는 별 문제가 없었다. 그러나 아주 빠른 속력으로 움직이는 세상에서 일어나는 일들을 설명하는 데는 문제가 있었다. 따라서 지구가 아니라 빛을 기준으로 하는 새로운 물리학을 만든 것이 상대성이론이다. 상대성이론에서 빛이 특별한 자리를 차지하는 것은 이 때문이다.

몇 가지 물리 이야기와 약간의 수학적 계산을 극복할 마음의 준비가 되었다면, 빛이 주인공으로 등장하는 상대성이론의 세계로 여행할 준비를 마친 셈이다. 이 작은 책이 빛을 만들어가는 놀라운 세상으로 여행하는 데 좋은 안내자가 되었으면 좋겠다.

2019년 초겨울

곽영직

차례

작가의 말 4

1장 빠르게 달리고 있는 지구와 상대성 원리

『천체 회전에 관하여』의 이상한 서문 12

우주 중심에 정지해 있는 지구 17 빠르게 달리고 있는 지구 19

『두 우주 체계에 대한 대화』 22 상대성 원리 25

상대성이론 세상 산책: **차멀미는 왜 나는 것일까?** 32

2장 중력법칙과 운동법칙

『자연철학의 수학적 원리』 36

관성의 법칙 39 가속도의 법칙 43 작용과 반작용 45

빛보다 더 빠르게 달리는 것도 가능하다 46 중력법칙 48

무거운 물체와 가벼운 물체는 어느 것이 더 빨리 떨어질까? 50

운동량과 에너지 52 물리량과 상대속력 53

상대성이론 세상 산책: **위대한 발명가이기도 했던 뉴턴** 57

3장 빛과 전자기파

맥스웰과 전자기파 62

17세기의 빛에 대한 연구 66 19세기의 빛에 대한 연구 71

전자기파의 발견 74 마이컬슨과 몰리의 실험 76 물리학에 나타난 불협화음 81

상대성이론 세상 산책: **아인슈타인 이전에 상대성이론에 다가갔던 사람들** 84

4장 아인슈타인의 생애

아인슈타인의 기적의 해 88

고등학교를 중퇴한 아인슈타인 92 아라우 고등학교 94

스위스 연방공과대학 96 아인슈타인의 기적의 해 이후 97

다시 독일로 돌아온 아인슈타인 100 통일장 이론 104

상대성이론 세상 산책: **나의 흔적을 남기지 마라** 105

5장 특수상대성이론

누구의 측정값이 옳은 것일까? 108

상대성 원리와 광속 불변의 원리 111 로렌츠 변환식 115

로렌츠 변환식의 의미 119

상대성이론 세상 산책: **빛의 속력이 느린 세상에서는 어떤 일이 일어날까?** 123

6장 시간지연과 길이의 수축

어떤 폭발이 먼저 일어났는가? 126

속력 더하기 129 동시성과 시간지연 132 길이의 수축 137

상대성이론 세상 산책: **작은 차고에 큰 자동차가 들어갈 수 있을까?** 140

7장 질량과 에너지

빛보다 빠른 속력으로 달려라 144

질량의 증가 147 질량과 에너지 152 $E=mc^2$이 바꾸어 놓은 세상 156

상대성이론 세상 산책: **실라르드와 아인슈타인, 그리고 원자폭탄** 159

8장 일반상대성이론

계속되고 있는 피사의 사탑 실험 164

등가원리 168 중력이 작용하는 경우의 관성계 171

중력에 의한 시간의 지연 173 쌍둥이 역설 176 휘어진 공간 177

일반상대성이론과 우주 181

상대성이론 세상 산책: **우리 생활 속의 상대성이론** 184

9장 일반상대성이론의 증명

수성의 이상한 행동 188

일식 실험 192 중력에 의한 시간지연 실험 195

그래비티-B 위성의 측정 200

중력파의 관측 201

상대성이론 세상 산책: **웜홀을 통한 시간여행이 가능할까?** 206

1장

빠르게 달리고 있는 지구와 상대성 원리

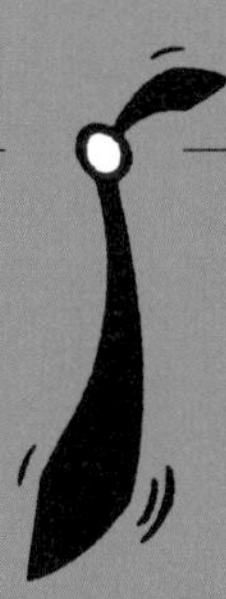

빠르게 달리고 있는
지구에서는
어떤 일이 일어날까?

『천체 회전에 관하여』의 이상한 서문

1543년 폴란드의 니콜라스 코페르니쿠스는 태양 중심설이 실려 있는 『천체 회전에 관하여』라는 책을 출판했다. 행성들의 운동을 아주 복잡하게 설명하고 있는 지구 중심설이 마음에 들지 않았던 코페르니쿠스는 일생 동안 태양계 행성들을 관측하면서 태양계 천체들의 운동을 좀 더 체계적으로 설명할 수 있는 방법을 연구했다. 그러던 중 그는 여러 개의 원운동을 조합해 복잡하게 행성들의 운동을 설명하는 지구 중심설보다는 지구를 비롯한 행성들이 태양을 돌고 있다는 태양 중심설이 행성들의 운동을 더 간단하게 설명할 수 있다는 것을 알게 되었다.

코페르니쿠스는 폴란드의 토룬이라는 곳에서 태어났다. 그는 가톨릭교회의 주교였던 외삼촌의 도움으로 폴란드의 크라코프대학을 졸업한 후 이탈리아에 유학하여 신학과 의학을 공부했다. 그러나 천문학에 관심이 많아 대학에서 의학과 신학을 공부하고 있는 동안에도 틈틈이 천문학 공부를 하면서 천체 관측을 하기도 했다.

코페르니쿠스는 유학을 끝내고 폴란드로 돌아와 외삼촌의 주치의 겸 비서로 일했다. 1512년, 외삼촌이 세상을 떠난 후에는 교회 옥상에 천체 관측소를 차려놓고 행성들의 움직임을 관측하면서 천문학 연구를 계속했다.

41살이던 1514년에 그는 태양 중심설에 대한 기초적 연구를 마치고 태양 중심설을 설명하는 20쪽짜리 논문을 만들어 주위 사람들에게 보여 주었다. 정식으로 출판하지 않았던 이 논문에는 자세한 관측 자료가 첨부되지는 않았지만 태양 중심설에 대한 기본적인 생각이 모두 포함되어 있었다.

태양 중심설에 관한 첫 번째 논문을 발표한 후에도 코페르니쿠스는 30년 가까이 태양 중심설을 완성하기 위한 연구를 계속했다. 이를 통해 그는 불과 20쪽에 불과했던 논문을 많은 자료를 포함한 200쪽이 넘는 책으로 확장했다. 그러나 책을 완성한 후에도 코페르니쿠스는 책의 출판을 망설였다. 당시 교회에서는 지구가 하나님이 우리를 위해 특별히 만든 장소라고 가르쳤고, 이런 지구가 다른 행성들과 마찬가지로 태양 주위를 돌고 있다고 하면 이는 교회로부터 비난을 받을지도 모른다는 걱정 때문이었다. 그리고 우리가 편안하게 살아가고 있는 지구가 빠른 속력으로 달리고 있다고 하면 사람들로부터 바보라고 놀림을 받게 될지 모른다는 염려도 있었다.

그때 독일로부터 젊은 레티쿠스가 코페르니쿠스를 찾아와 태양 중심설에 대해 배우고 싶다고 했다. 66살이었던 코페르니쿠스는 젊은 레티쿠스가 자신의 이론에 관심을 가지는 것이 기뻤다. 레티쿠스는 코페르니쿠스가 쓴 태양 중심설에 관한 원고를 읽고 코페르니쿠스와 토론하면서 2년 가까운 시간을 보냈다. 이로 인해 레티쿠스는 코페르니쿠스의 유일한 제자이자 동료가 되었다.

레티쿠스는 코페르니쿠스에게 태양 중심설에 관한 논문을 출판하

● 코페르니쿠스(좌), 안드레아스 셀라리우스가 그린 코페르니쿠스의 태양 중심 체계(우)

자고 설득했다. 사람들의 웃음거리가 되는 것을 염려해 출판을 꺼리고 있던 코페르니쿠스는 레티쿠스의 권유에 힘을 얻어 책을 출판하기로 결심했다.

레티쿠스는 코페르니쿠스의 원고를 당시 인쇄술이 크게 발전했던 독일의 뉘른베르크로 가지고 가서 출판 작업을 시작했다. 출판 작업이 진행되던 중 레티쿠스는 책 출판 일을 목사인 안드레아스 오시안더에게 넘겼고, 1543년 오시안더가 『천체 회전에 관하여』의 출판 작업을 완료했다.

출판된 책의 일부가 코페르니쿠스에게 보내졌다. 1542년 말부터 심한 질병으로 고통을 받으면서도 일생의 작업이 담긴 책이 출판되기를 기다리고 있던 코페르니쿠스는 책이 도착하고 얼마 안 되어 세상을 떠났다.

코페르니쿠스가 쓴 『천체 회전에 관하여』는 1000년 이상 정설로 받아들여져 오던 지구 중심설을 태양 중심설로 바꾼 천문학 혁명의 시작이었다. 천문학 혁명은 뉴턴역학을 탄생시킨 역학 혁명으로 이어졌고, 이는 근대 과학 발전의 토대가 되었다.

그러나 이 책이 처음 출판되었을 때는 사람들의 주목을 받지 못했다. 코페르니쿠스가 널리 알려진 천문학자도 아니었으며 학생들을 가르치거나 연구 논문을 자주 발표하지도 않았기 때문이다. 또한 얼마 안 되어 코페르니쿠스가 죽었고, 레티쿠스마저 이 책에서 손을 뗐기 때문에 이 책의 내용을 홍보할 사람이 없었던 것도 이 책이 널리 알려지지 않은 이유 중 하나였다. 그리고 무엇보다도 당시의 과학상식으로는 빠르게 달리는 지구 위에 살고 있다는 것을 설명할 수 없었다. 어떤 사람들은 지구가 그렇게 빠른 속력으로 달리고 있으면 지구에는 강한 바람이 항상 한쪽에서 불어오고 있어야 한다고 주장했다.

코페르니쿠스의 새로운 이론이 사람들에게 널리 받아들여지지 않은 데에는 이 책에 실려 있는 서문도 한몫했다. 이 책에는 많은 사람들에게 감사를 나타내는 긴 서문 뒤에 짧은 서문이 하나 더 추가되어 있었다. 그런데 이 짧은 서문에는 이 책을 믿을 수 없게 만드는 내용이 포함되어 있었다. 이 서문의 중요한 부분만 요약하면 다음과 같다.

> 이 책에서 다루는 가설은 반드시 진리여야 할 필요가 없고, …… 단지 관측 사실과 일치하는 계산만 제공하면 충분하다. …… 많은 것을 고려하고 이 가설들을 만들었지만 그것이 진리라는 것을 설득하려는 것이 아니라 계산에 필요한 토대를 제공하기 위한 것이다. …… 다른 목적을 위해 만든 가설을 진리로 간주하여 처음 이 책을 접할 때보다 더 큰 바보가 되는 사람이 없기를 바란다.

이 서문은 한 마디로 태양 중심설은 사실이 아니라 행성의 운동을 계산하기 위한 가설에 지나지 않으므로 이것을 사실로 받아들이지 말라고 권고하고 있다. 일생동안 계속해 온 연구결과를 발표하면서 자신의 연구가 사실이 아니라 하나의 가설에 지나지 않는다고 주장하는 서문을 넣은 것은 무엇 때문이었을까? 코페르니쿠스는 정말로 자신이 제안한 태양 중심설이 사실이 아니라고 생각했을까? 처음에는 사람들의 관심을 끌지 못하던 코페르니쿠스의 태양 중심설이 널리 받아들여지게 된 것은 언제부터일까? 그리고 우리는 어떻게 빠르게 달리고 있는 지구 위에 살고 있으면서도 그것을 느끼지 못하는 것일까?

우주 중심에 정지해 있는 지구

태양은 아침에 동쪽에서 떠올라 서쪽으로 진다. 달이 떠오르는 시간은 매일 조금씩 달라지지만 동쪽에서 떠서 서쪽으로 지는 것은 마찬가지이다. 저녁 하늘에 보이는 별들도 동쪽에서 떠서 서쪽으로 진다. 이렇게 태양, 달, 그리고 별들이 매일 동쪽에서 떠서 서쪽으로 지는 것을 일주운동이라고 한다.

그런데 밤하늘에 보이는 별들을 자세하게 살펴보면 별자리들이 동쪽에서 떠오르는 시간이 매일 조금씩 달라진다는 것을 알 수 있다. 계절마다 밤하늘에 보이는 별자리가 다른 것은 이 때문이다. 별자리가 다시 같은 시간에 떠오를 때까지는 1년을 기다려야 한다. 이렇게 별자리가 1년을 주기로 한 바퀴 도는 것을 연주운동이라고 한다.

그런데 몇몇 별들은 모양이 변하지 않는 별자리 사이를 매일 조금씩 움직여 간다. 어떤 별은 빠르게 움직여 가고, 어떤 것은 느리게 움직여 간다. 이런 별들은 대개 서쪽 별자리에서 동쪽 별자리 방향으로 움직여 가지만 어떤 때는 뒤로 가기도 한다. 고대 과학자들은 이런 별을 방랑자별이라는 뜻으로 행성이라고 불렀지만 이들은 별이 아니라 태양을 돌고 있는 천체들이다. 맨눈으로 관찰할 수 있는 행성은 모두 다섯 개가 있다. 고대 과학자들은 일주운동과 연주운동, 다섯 행성들과 태양, 그리고 달의 운동을 설명할 수 있는 천문체계를 만들기 위해 노력했다.

고대 그리스에서 아리스토텔레스에 의해 완성되어 2000년 이상 널리 받아들여졌던 고대 과학에서는 지구가 우주의 중심에 정지해 있다고 설명했다. 무거운 물체는 우주의 중심으로 다가가려는 성질을 가지고 있다고 믿었던 그들은 무거운 물체가 땅으로 떨어지는 것이 지구가 우주의 중심에 정지해 있는 증거라고 생각했다. 그리고 그들은 똑바로 위를 향해 던진 물체가 제자리에 떨어지는 것도 지구가 정지해 있기 때문이라고 생각했다.

지구가 우주 중심에 정지해 있다는 아리스토텔레스를 비롯한 고대 그리스 철학자들의 생각을 바탕으로 행성들의 운동을 설명하는 천문체계가 지구 중심설이다.

2세기에 알렉산드리아에서 활동했던 프톨레마이오스가 만든 지구 중심설은 고대부터 전해오는 관측 자료들을 바탕으로 반지름과 속력이 다른 여러 개의 원운동을 조합하여 천체들의 운동을 설명했다. 지구 중심설은 매우 복잡하기는 했지만 상당히 정확하게 행성들의 운동을 설명하고 일식과 월식, 그리고 행성들의 위치를 예측할 수 있었다. 따라서 오랫동안 널리 받아들여졌다.

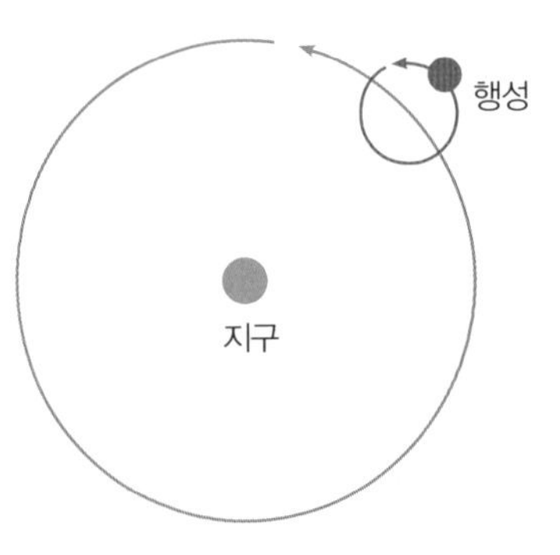

● 프톨레마이오스는 여러 개의 원운동을 결합하여 행성의 운동을 설명했다.

그러나 고대에도 지구가 아니라 태양을 중심으로 행성들이 돌고 있다고 주장하는 태양 중심설이 있었다. 프톨레마이오스보다 300년이나 이른 시기에 알렉산드리아에서 활동했던 아리스타코스는 태양이 우주 중심에 정지해 있고 그 주위를 지구를 비롯한 행성들이 돌고 있는 태양 중심설을 제안했다. 그러나 지구가 빠른 속력으로 태양 주위를 돌고 있다는 것을 사람들에게 납득시킬 수 없었기 때문에 널리 받아들여지지 않았다. 사람들은 지구가 빠른 속력으로 달리고 있으면 위로 던진 돌이 제자리가 아니라 뒤쪽에 떨어져야 한다고 생각했다.

태양 중심설보다 300년 정도 후에 등장한 지구 중심설에서는 우주 중심에 정지해 있는 지구 주위를 모든 천체들이 돌고 있다고 설명했다. 따라서 지구가 정지해 있다고 믿고 있었던 사람들 입장에서는 훨씬 쉽게 받아들일 수 있었다. 매우 복잡하기는 했지만 행성의 운동을 어느 정도의 오차 내에서 성공적으로 설명할 수 있었던 지구 중심설은 오랫동안 하늘의 움직임을 밝혀낸 가장 위대한 이론이라고 여겨져 왔다. 지구 중심설의 내용을 전해 받은 아랍인들은 지구 중심설의 내용이 들어 있는 책을 '가장 위대한 책'이라는 뜻으로 『알 마지스트』라 불렀고, 이 이름이 후에 『알마게스트』라는 이름으로 바뀌었다.

빠르게 달리고 있는 지구

지구 중심설은 여러 개의 원운동을 조합하여 천체들의 운동을 설명했다. 그러나 지구에서 행성의 운동을 관찰하면 행성들은 항상 한 방향으로만 움직이는 것이 아니라 때로는 뒤로 가기도 하는 복잡한 운동을 한다. 행성이 지구 주위를 돌고 있다고만 해서는 지구에서 측정되는 행성들의 복잡한 운동을 설명할 수 없었다. 따라서 프톨레마이오스는 여러 개의 원운동을 조합하여 행성들의 운동을 설명하려고 했기 때문에 지구 중심설은 매우 복잡한 천문체계가 되었다.

코페르니쿠스는 매우 복잡하게 천체들의 운동을 설명한 지구 중심설에 의심을 가지게 되었다. 그는 전능한 하나님이 세상을 이렇게 복잡하게 만들지 않았을 것이라고 생각하고 좀 더 간단하게 천체들의 운동을 설명할 수 있는 새로운 체계를 만들기 시작했다. 코페르니쿠스는 20년이 넘는 오랫동안의 연구 끝에 태양 중심설을 완성했지만 이를 발표하기가 두려웠다. 이는 지구가 우주의 중심이고 인간이 하나님의 자녀라고 설명하고 있는 교회의 가르침에 어긋나는 것이 아닐까 염려되었기 때문이었다.

코페르니쿠스를 더욱 망설이게 만든 것은 우리가 살고 있는 지구가 빠른 속력으로 달리고 있다는 것을 사람들에게 설명할 수 없는 부분이었다.

하지만 코페르니쿠스는 지구를 비롯한 행성들이 태양 주위를 돌고 있다는 것을 사실이라고 믿었다. 그럼에도 불구하고 그가 쓴 책에 태양 중심설이 사실이 아니라 하나의 가설에 지나지 않는다는 서문을 추가한 것은 무엇 때문이었을까? 오랫동안 이 문제를 여러 가지로 조사한 학자들은 이 서문은 코페르니쿠스가 쓴 것이 아니라 이 책을 출판한 오시안더가 추가한 것이라 믿고 있다.

지구가 빠른 속력으로 태양 주위를 돌고 있다는 사실을 믿을 수 없었던 오시안더가 사람들의 비판을 염려해 이런 서문을 넣은 것으로 보인다. 책이 출판되었을 때 혼수상태에 시달릴 정도로 병세가 심각했던 코페르니쿠스는 이런 서문의 내용을 바로 잡을 수가 없었을 것이다. 이렇게 하여 태양 중심설은 그것을 만든 사람

마저도 사실로 믿으면 안 된다고 주장한 하나의 가설이 되어버리고 말았다.

태양 중심설이 하나의 가설이 아니라 사실이라는 것을 증명하여 널리 받아들여지도록 한 사람들은 독일의 요하네스 케플러와 이탈리아의 갈릴레오 갈릴레이였다.

케플러는 스승이었던 티코 브라헤가 오랫동안 수집한 정밀 관측 자료를 수학적으로 분석하여 행성들이 원운동을 하고 있는 것이 아니라 타원운동을 하고 있다는 것을 밝혀내고, 행성 운동을 설명하는 3가지 법칙을 알아냈다. 이것은 천체는 원운동을 해야 한다는 고대 물리학을 바탕으로 한 코페르니쿠스의 태양 중심설을 한 단계 발전시킨 사건이었다.

갈릴레이는 스스로 만든 망원경을 이용하여 천체들의 운동을 관측하고 지구가 태양 주위를 돌고 있다는 증거들을 찾아내 사람들이 태양 중심설을 받아들이도록 하는 데 크게 기여했다. 갈릴레이의 활동으로 많은 사람들이 태양 중심설에 관심을 갖게 되자 교회에서는 태양 중심설을 이단적인 학설로 규정하고 이와 관련된 내용을 가르치거나 책으로 쓸 수 없도록 했다. 이로 인해 1543년에 출판된 코페르니쿠스의 『천체 회전에 관하여』는 출판 후 73년이나 지난 1616년에 금서목록에 오르게 되었다.

『두 우주 체계에 대한 대화』

교회의 금지에도 불구하고 태양 중심설이 사실이라고 굳게 믿고 있었던 갈릴레이는 교황에게 특별히 부탁해 허락을 받고 태양 중심설과 지구 중심설을 비교하는 『두 우주 체계에 대한 대화』라는 책을 썼다. 1632년에 출판된 이 책은 세 명의 등장인물들이 4일 동안 프톨레마이오스 체계와 코페르니쿠스 체계의 장단점을 이야기하는 대화 형식으로 되어 있다. 세 명의 등장인물들은 살비아티, 심플리치오, 그리고 세그레도였다.

살비아티는 코페르니쿠스 체계를 옹호하는 갈릴레이를 대변하는 학자였고, 두 사람의 토론을 중재하는 세그레도는 지적인 사람으로 처음에는 중립적인 입장을 취하지만 살비아티의 편에서 지구 중심설을 주장하는 심플리치오를 비난하기도 한다. 지구 중심설을 신봉하고 있던 심플리치오의 이름은 이탈리아어에서 '단순하다'는 의미를 가지고 있는 '심플리체simplice'에서 따온 것으로

DIALOGO
DI
GALILEO GALILEI LINCEO
MATEMATICO SOPRAORDINARIO
DELLO STVDIO DI PISA.
E Filoſofo, è Matematico primario del
SERENISSIMO
GR. DVCA DI TOSCANA.
Doue ne i congreſſi di quattro giornate ſi diſcorre ſopra i due
MASSIMI SISTEMI DEL MONDO
TOLEMAICO, E COPERNICANO;
Proponendo indeterminatamente le ragioni Filoſofiche, e Naturali tanto per l'vna, quanto per l'altra parte.

CON PRI VILEGI.

IN FIORENZA, Per Gio: Batiſta Landini MDCXXXII.
CON LICENZA DE' SVPERIORI.

● 『두 우주 체계에 대한 대화』 표지

보인다. 등장인물만 보아도 이 책이 두 우주 체계를 공정하게 비교하는 책이 아니라 태양 중심설을 옹호하기 위해 쓴 책이라는 것을 알 수 있다.

이 책의 등장인물들은 금성의 위상변화, 태양 흑점의 운동, 목성을 돌고 있는 위성들의 예를 들어 태양 중심설이 옳다고 주장하고, 고대 과학을 바탕으로 한 프톨레마이오스 체계의 모순을 지적한다. 그들은 또한 달의 산과 골짜기, 태양 흑점의 변화, 목성을 돌고 있는 위성들의 운동은 프톨레마이오스의 지구 중심설로는 설명할 수 없다고 지적한다.

『두 우주 체계에 대한 대화』가 출판되자 교회의 반응은 심각했다. 이 책이 출판되었을 때 유럽에서는 가톨릭교회를 신봉하는 신성로마제국의 황제와 개신교를 믿고 있던 제후들의 다툼으로 시작된 30년 전쟁이 14년째 계속되고 있었다. 따라서 가톨릭교회에는 가톨릭교회의 가르침과 다른 학설을 가르치는 사람들을 강력하게 처벌해야 한다고 주장하는 사람들이 많아졌다. 이에 두 우주 체계를 비교하는 책을 쓸 수 있도록 허가했던 교황도 자신의 입장을 바꾸어 지구 중심설에 의문을 제기한 『두 우주 체계에 대한 대화』를 쓴 갈릴레이를 재판에 회부했다.

종교 재판소는 갈릴레이에게 재판장에 출두하라고 명령했다. 이때 이미 나이가 68살이나 되었던 갈릴레이는 건강이 좋지 않아 먼 곳까지 여행할 수 없다고 항의했지만 종교 재판소는 그를 체포해서 사슬에 묶어 로마까지 끌고 오겠다고 위협했다. 따라서 그는 종교 재판소에 출두하지 않을 수 없었다. 교회는 『두 우주 체계에 대한 대화』를 압수하려 했지만 책이 이미 모두 팔린 후였다.

재판은 1633년 4월에 시작되었다. 갈릴레이의 죄는 지구가 태양 주위를 돌고 있다는 그의 주장이 '하나님은 지구를 굳은 반석 위에 세우시고 영원히 움직이지 않도록 하셨다'라고 한 성경 말씀에 어긋나는 내용을 담은 책을 썼다는 것이었다. 재판은 2주 동안 계속되었다. 재판관들은 갈릴레이가 유죄를 인정하지 않으면 고문할 수 있다고 위협하기도 했다.

나이가 많아 연로했던 갈릴레이는 결국 자신의 주장을 철회하고 참회했다. 따라서 갈릴레이는 감옥에 갇히는 대신 죽을 때까지 가택에 연금 상태로 생활해야 한다는 선고를 받았고, 그가 쓴 『두 체계에 대한 대화』는 금서목록에 추가되었다.

교회의 이러한 탄압에도 불구하고 태양 중심설이 점점 더 많은 사람들에게 받아들여지게 되었다. 처음에는 케플러의 행성 운동법칙과 갈릴레이의 망원경 관측 내용을 잘 알고 있던 학자들이 태양 중심설을 받아들였지만, 차츰 일반인들 중에도 태양 중심설을 받아들이는 사람들이 늘어났다. 그러자 교회에서는 더 이상 과학 이론에 간섭하지 않기로 했다. 따라서 갈릴레이 이후의 과학자들은 교회의 간섭 없이 과학을 연구할 수 있게 되었다.

상대성 원리

케플러나 갈릴레이와 같은 과학자들의 노력으로 태양 중심설이 널리 받아들여지게 되었다. 그러나 빠르게 태양 주위를 돌고 있는 지구 위에 살아가고 있는 우리가 어떻게 그것을 느끼지 못하느냐 하는 문제가 해결된 것은 아니었다.

케플러가 발견한 행성 운동법칙이나 갈릴레이의 망원경 관측 결과는 지구도 다른 행성들과 마찬가지로 태양 주위를 돌고 있다는 것을 밝혀냈다.

지구가 빠른 속력으로 태양 주위를 돌고 있다는 것을 밝혀낸 과학자들은 이제 지구가 빠르게 달리고 있는 데도 위로 던진 공이 제자리에 떨어지는 이유를 설명해야 했다. 이것은 고대 과학으로는 설명할 수 없었으므로 새로운 과학이 필요했다. 빠른 속력으로 달리고 있는 지구 위에서 편안하게 살아가는 것을 설명하는 데 필요한 중요한 과학적 원리를 제안한 사람은 갈릴레이였다.

갈릴레이는 『두 우주 체계에 대한 대화』에서 지구 중심설과 태양 중심설뿐만 아니라 과학 전반의 문제를 다루었다. 갈릴레이는 특히 지구가 빠른 속력으로 달리고 있다는 생각을 받아들이지 못하는 사람들을 설득시키기 위한 내용을 중요하게 다루었다. 『두 우주 체계에 대한 대화』에는 다음과 같은 내용이 포함되어 있었다.

커다란 배의 갑판 아래 있는 큰 선실에 친구와 함께 있다고 생각해보자. 그리고 그 방에는 파리, 나비와 같은 날아다니는 동물들도 있고, 어항 속에는 물고기도 들어 있다. 방의 중앙에는 큰 병이 거꾸로 매달려 있어 물이 한 방울씩 아래에 있는 그릇으로 떨어지고 있다. 배가 정지해 있을 때 동물들이 움직이는 모습과 물고기들이 헤엄치는 것을 관찰해보자. 그리고 친구에게 물건을 던져보기도 하고, 두 발을 모으고 여러 방향으로 뛰어보기도 하자.

이런 모든 것들을 조심스럽게 관찰한 다음 배를 일정한 속력으로 달리도록 해보자. 배가 달리는 동안에 배가 정지해 있을 때 했던 것들을 하나하나 시도해보고 다시 관찰해보자. 그러면 선실 안에서 일어나는 모든 일들이 배가 정지해 있을 때와 똑같이 일어난다는 것을 알 수 있을 것이다. 따라서 선실 안에서 일어나는 일들로는 이 배가 정지해 있는지 아니면 달리고 있는지 알아낼 수 없음을 알게 될 것이다.

이것은 갈릴레이가 빠른 속력으로 달리고 있는 지구 위에 살면서도 속력을 느끼지 못하는 이유를 설명하기 위해 제안한 사고실험이다. 이것은 뉴턴역학은 물론 후에 아인슈타인이 제안한 상대성이론에서도 기본적인 원리로 받아들여지는 중요한 원리를 설명하고 있다. 갈릴레이는 이 원리에 특별한 이름을 붙이지 않았지만 후세 사람들은 이것을 '상대성 원리'라고 부르고 있다.

갈릴레이의 상대성 원리는 상대성이론을 알기 위해 꼭 이해해야 할 중요한 원리이다. 상대성 원리를 이해하기 위해서는 몇 가지 새로운 용어를 알아두는 것이 좋다.

일정한 속력으로 똑바로 달리는 운동을 관성운동이라고 한다. 다시 말해 속력의 크기나 운동 방향이 바뀌지 않는 운동이 관성운동이다. 높은 곳에서 자유낙하하는 물체의 운동은 속력이 빨라지므로 관성운동이 아니다. 원 궤도를 일정한 속력으로 도는 원운동도 속력의 크기는 변하지 않지만 운동 방향이 계속 변하므로 관성운동이 아니다. 바다 위를 미끄러지듯 일정한 속력으로 똑바로 달리는 배의 운동은 관성운동이다.

계라는 말은 기준계라는 말의 줄임말로 측정의 기준이 되는 것을 말한다. 우리는 실험실에서 많은 실험을 한다. 그런 경우에는 실험실, 또는 실험대가 기준계이다. 어떤 물체의 속도를 측정할 때 나를 기준으로 측정했다면 내가 기준계이다. 태양계 행성들의 운동을 측정할 때 태양을 기준으로 측정했다면 태양이 기준계이다. 따라서 관성 기준계라는 말은 일정한 속력으로 똑바로 운동하고 있는 기준계라는 뜻이다. 관성 기준계를 줄여서 관성계라고 부른다. 관성계와는 달리 속력의 크기나 운동 방향이 변하는 기준계를 비관성계라고 부른다.

상대성 원리 이야기를 하다보면 물리량과 물리법칙이라는 말도 자주 사용하게 된다. 물리량은 길이, 시간, 질량과 같이 측정이 가능한 양이다. 물리학에서는 이 외에도 많은 물리량들이 사용되고 있지만 그런 물리량들은 기본적인 물리량들을 조합하여 만들어낸 물리량들이다. 예를 들어 속력은 길이를 시간으로 나눈 양이고, 가속도는 속도의 변화량을 다시 시간으로 나눈 양이다. 그리고 운동량은 질량에다 속도를 곱한 양이며, 일이나 에너지는 힘에다 움직인 거리를 곱한 양이다. 물리학에서는 이런 방법으로 새로운 물리량을 정의하고, 이들 물리량 사이에 어떤 관계가 있는지를 연구한다.

측정된 물리량들 사이의 관계가 물리법칙이다. 예를 들어 뉴턴역학에서 가장 중요한 법칙 중 하나인 운동법칙에서 '힘=질량×가속도'는 힘과 질량, 그리고 가속도 사이의 관계를 나타낸다.

관성계, 물리량, 물리법칙이라는 용어의 뜻을 정확히 알았다면 갈릴레이가 『두 우주 체계에 대한 대화』에서 제안한 상대성 원리에 대한 몇 가지 다른 설명이 같은 의미를 가지고 있다는 것을 알 수 있다.

갈릴레이는 빠른 속력으로 달리고 있는 지구에서도 정지해 있는 지구에서와 똑같이 살아갈 수 있는 것을 이해시키기 위해 일정한 속력으로 똑바로 달리는 배 안에서도 배가 정지했을 때와 똑같은 일이 일어난다고 설명했다. 이것을 다른 말로 하면 모든 관성계에서 같은 물리법칙이 성립한다고 말할 수 있다. 정지해 있는 지구에서나 빠른 속력으로 달리고 있는 지구에서나 같은 물리법칙이 성립하면 달리고 있는 지구에서도 서 있을 때와 똑같은 일이 일어날 것이기 때문이다.

정지해 있는 배 안에서나 일정한 속력으로 달리고 있는 배 안에서 측정된 물리량들 사이의 관계가 같으면 우리는 배 안에서

어떤 실험을 하더라도 배가 달리고 있는지 정지해 있는지 알 수 없다. 따라서 배가 달리고 있는지 서 있는지 알아보기 위해서는 창문을 열고 육지와 배가 멀어지고 있는지 아니면 가까워지고 있는지 측정해 보아야 한다. 다시 말해 배가 달린다는 것은 다른 물체와의 거리가 어떻게 달라지고 있는지를 나타내는 상대적인 개념일 뿐이다.

두 관성계에서는 똑같은 물리법칙이 성립하므로 두 관성계 중 어느 하나가 다른 관성계보다 더 중요하지 않다. 아무 것도 없는 우주 공간에서 두 개의 우주선이 반대 방향으로 일정한 속력으로

상대성 원리하고
상대성이론은 같은 거 아냐?
어떤 때는 원리라 하고 어떤 때는
이론이라고 하는 거 같던데.

상대성 원리하고 상대성이론은
다른 거라고 했잖아.
상대성 원리는 상대성이론의 기본 원리 중
하나라고 하던데, 조금 더 공부하다 보면
확실히 알게 되겠지.

달리고 있는 경우, 이쪽 우주선에서 볼 때는 저쪽 우주선이 달리는 것처럼 보이고, 저쪽 우주선에서 보면 이쪽 우주선이 달리고 있는 것처럼 보인다. 이때 우리는 이쪽 우주선이 정지해 있고 저쪽 우주선이 달린다고 할 수도 있고, 저쪽 우주선이 정지해 있고 이쪽 우주선이 달린다고 할 수도 있다.

이쪽 우주선에 있는 과학자는 자신을 기준으로 세상을 측정하여 설명한다. 그리고 상대편 우주선 안에 있는 과학자는 자신을 기준으로 세상을 측정하여 설명한다. 두 과학자가 측정한 물리량과 물리법칙 중 어느 하나가 다른 것보다 더 중요하지 않다. 이것은 모든 관성계가 물리적으로 동등하다는 것을 의미한다.

상대성 원리는 앞으로 뉴턴역학은 물론 아인슈타인의 상대성이론에서도 기본이 되는 원리이다. 따라서 상대성 원리라는 말과 상대성이론이라는 말이 같은 뜻이 아니라는 것도 확실히 알아 두

어야 한다.

그렇다면 왜 모든 관성계에서는 같은 물리법칙이 성립해야 할까? 왜 정지해 있는 지구에서나 달리고 있는 지구에서 똑같은 일이 일어나야 할까? 갈릴레이는 이것을 설명하기 위해 관성운동이라는 개념을 제시하기는 했지만, 어떤 운동이 관성운동인지를 명확하게 설명하지는 못했다. 이 문제는 뉴턴이 운동법칙을 제안한 후에야 해결되었다.

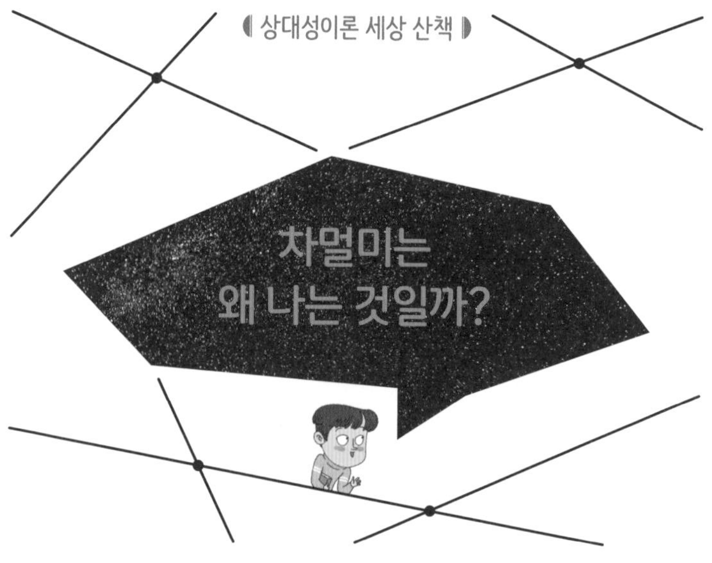

자동차나 배를 타고 여행하다 보면 멀미를 하는 사람들이 있다. 멀미를 영어로는 moving sickness라고 한다. 그대로 변역하면 운동 병이라는 뜻이다. 달리고 있는 자동차나 배를 타서 생기는 병이므로 이렇게 부르게 되었다. 그렇다면 초속 30킬로미터나 되는 빠른 속력으로 태양 주위를 돌고 있는 지구 위에서 살아가고 있는 우리는 왜 멀미를 하지 않는 것일까?

멀미를 하게 만드는 것은 빠른 속력이 아니라 속력의 변화이다. 아무리 빨리 달리더라도 속력이 일정하면 상대성 원리에 의해 서 있을 때와 똑같은 일이 일어나야 한다. 따라서 서 있을 때 멀미를 하지 않으면 달릴 때도 멀미를 하지 않아야 한다. 빠른 속력으로 달리기만 해도 멀미를 하는 사람이 있다면 그 사람을 이용해 상대성 원리가 틀렸다는 것을 증명하고 노벨상을 받을 수도 있을 것이다.

눈을 감고 있으면 우리 몸은 속력을 느끼지 못한다. 우리 몸이 느

● 놀이기구에서 우리가 소리 지르는 것은 빠른 속력 때문이 아니라 큰 가속도 때문이다.

낄 수 있는 것은 속도의 변화이다. 속력이 계속적으로 달라지면 우리 몸이 그것을 느끼고 불편해 한다.

도로를 달리는 경우에는 자동차가 많이 흔들린다. 흔들린다는 것은 속도의 크기와 방향이 계속 변하고 있다는 뜻이다. 비포장도로를 달리는 경우에는 자동차가 심하게 흔들린다. 파도가 높게 이는 바다를 달리는 배는 비포장도로를 달리는 자동차보다도 더 심하게 흔들린다. 따라서 배를 타면 멀미를 심하게 하게 된다.

고층 빌딩에 설치된 엘리베이터는 매우 빠르게 달린다. 이런 엘리베이터는 순식간에 꼭대기 층까지 데려다 주는 데도 별다른 느낌을 받지 않는다. 그러나 저층 건물에 설치되어 있는 느린 엘리베이터를 탔는데도 어지러움을 느낄 때가 있다. 엘리베이터에서 어지러움을 느끼는 것은 엘리베이터가 달리기 시작하거나 정지할 때 속력이 변하기 때문이다. 만약 출발하거나 정지할 때의 속력 변화를 우리가 느낄 수 없는 수준으로 잘 조절해 놓으면 아주 빠른 속력으로 올라가면서도 별다른 느낌을 받지 않지만, 그렇지 않은 경우에는 별로 빠르지 않는 속력으로 달려도 어지러움을 느낄 수 있다.

대부분의 놀이공원에는 높은 곳에서 급격하게 떨어지는 놀이기구가 설치되어 있다. 놀이기구를 타면 사람들은 깜짝 놀라 소리를 지른다. 사람들은 놀이기구가 빠르게 달리기 때문에 이런 일이 벌어진다고 생각한다. 그러나 사람들이 놀라 소리치게 만드는 것은 빠른 속력이 아니라 급격한 속력의 변화이다.

최근에 비행기보다 두 배나 빠른 속력으로 달리는 하이퍼루프라고 부르는 열차를 개발하고 있다는 소식이 전해졌다. 이런 열차가 개발되면 태평양을 건너는 여행이 훨씬 빠르고 편리해질 것이다. 이렇게 빠르게 달리는 열차를 탄다고 해도 멀미를 걱정할 필요는 없을 것이다. 출발할 때와 정지할 때의 가속도만 잘 조절하면 별다른 느낌을 받지 않고 여행을 할 수 있기 때문이다. 더구나 하이퍼루프 열차는 공기를 빼 진공으로 만든 터널을 달릴 예정이어서 흔들림이나 시끄러운 소리도 거의 없을 것이다. 상대성 원리 덕분에 멀미를 걱정하지 않고 조용한 가운데 잠을 자면서 편안하게 태평양을 건너는 시대가 다가오고 있는 것이다.

2장

중력법칙과 운동법칙

힘과 운동,
그리고 중력 사이에는
어떤 관계가 있을까?

『자연철학의 수학적 원리』

영국의 아이작 뉴턴은 1687년에 인류에게 새로운 과학시대를 열어준 책을 출판했다. 세 권으로 이루어진 이 책의 라틴어 제목을 우리말로 그대로 번역하면 『자연철학의 수학적 원리』이다. 이 책은 라틴어 원제목의 일부를 따서 『프린키피아』라고도 불린다.

이 책의 1권에서는 물체의 운동과 힘의 문제를 다루었다. 뉴턴은 이 책에서 우선 질량, 운동(운동량), 힘, 구심력 등 8개의 용어를 정의해 놓았다. 이 중 질량과 운동의 양, 그리고 힘에 대한 뉴턴의 정의는 다음과 같다.

> **정의 1** : 물질의 양은 그 물질의 밀도와 부피를 곱한 값의 양이다.
>
> **정의 2** : 운동의 양은 속도와 물질의 양을 서로 곱한 값의 양이다.
>
> **정의 4** : 물체에 가해진 힘은 물체가 정지하고 있거나 직선상을 일정하게 움직이고 있는 상태를 변화시키기 위해 가해진 작용이다.

다음에 이어지는 운동법칙 편에는 이 책의 핵심을 이루는 운동의 3법칙이 소개되어 있다. 뉴턴은 운동법칙을 다음과 같이 설명해 놓았다.

> **법칙 I** : 모든 물체는 그것에 가해진 힘에 의하여 그 상태가 변화되지 않는 한 정지 또는 일직선상의 운동을 계속한다.
>
> **법칙 II** : 운동의 변화는 가해진 힘에 비례하며, 변화는 힘이 작용한 방향을 따라 일어난다.
>
> **법칙 III** : 모든 작용에 대하여서는 크기가 같고 방향이 반대인 반작용이 항상 존재한다.

뉴턴은 14장으로 구성된 1권에서 저항이 작용하지 않는 물체들의 원운동, 타원운동, 포물선 운동, 쌍곡선 운동을 자신이 제시한 운동법칙을 이용해 분석해 놓았다. 그는 이런 분석을 통해 천체들 사이에 거리 제곱에 반비례하는 힘이 작용하는 경우 원운동, 타원운동, 포물선 운동, 쌍곡선 운동 중 하나의 운동을 할 수 있다는 사실을 밝혀내기도 했다.

PHILOSOPHIÆ
NATURALIS
PRINCIPIA
MATHEMATICA.

Autore *J S. NEWTON*, *Trin. Coll. Cantab. Soc.* Matheseos Professore *Lucasiano*, & Societatis Regalis Sodali.

IMPRIMATUR.
S. PEPYS, *Reg. Soc.* PRÆSES.
Julii 5. 1686.

LONDINI,
Jussu *Societatis Regiæ* ac Typis *Josephi Streater*. Prostat apud plures Bibliopolas. *Anno* MDCLXXXVII.

● 『자연철학의 수학적 원리』의 표지. 표지에는 출판 연도가 1686년으로 표시되어 있지만 실제로 출판된 것은 1687년이었다.

2권에서는 마찰력이 작용하는 경우에 물체가 어떻게 운동하는지를 설명해 놓았으며, 3권에서는 이미 알려진 천체들의 운동을 중력법칙과 운동법칙을 이용해 분석해 놓았다. 뉴턴은 3권에서 천체 운동과 관련이 있는 42개의 문제를 제시하고 이 문제에 대해 설명했는데, 이들 중 몇 개를 소개하면 다음과 같다.

문제 19 : 행성의 극반지름과 적도 반지름의 비를 구하라.

문제 20 : 지구상 여러 지방에서 물체의 무게를 구하고 서로 비교해 보자.

문제 24 : 바다의 조석현상은 태양과 달의 작용으로 일어난다.

문제 25 : 태양이 달의 운동을 교란시키는 힘을 구하라.

문제 41 : 주어진 3개의 관측으로부터 혜성의 포물선 궤도를 결정하라.

뉴턴이 다룬 이런 문제들을 보면 『자연철학의 수학적 원리』가 새로운 역학 원리를 제시하기만 한 것이 아니라 이 원리를 이용하여 여러 가지 복잡한 문제들을 분석해 놓았다는 것을 알 수 있다. 『자연철학의 수학적 원리』는 그 후 200년 동안 모든 자연현상을 이해하는 기본 원리가 되었으며, 사람들이 살아가는 방법과 자연에 대한 생각에 가장 큰 영향을 끼친 책이 되었다.

그렇다면 『자연철학의 수학적 원리』에 실려 있는 뉴턴역학은 어떤 역학이었을까?

관성의 법칙

이 책에서 설명하려고 하는 아인슈타인의 상대성이론은 뉴턴역학을 수정한 이론이라고 할 수 있다. 따라서 상대성이론을 이해하기 위해서는 우선 뉴턴역학을 알아야 한다. 뉴턴역학에는 많은 내용이 포함되어 있지만 여기서는 앞에서 다룬 『프린키피아』에 실려 있는 정의와 법칙을 중심으로 살펴보려고 한다.

법칙 1에서 뉴턴은 '모든 물체는 그것에 가해진 힘에 의하여 그 상태가 변화되지 않는 한 정지 또는 일직선상의 운동을 계속한다'라고 설명했다. 관성의 법칙이라고도 불리는 이 법칙을 다른 말로 하면 '외부에서 물체에 힘을 가하지 않으면 물체의 운동 상태는 변하지 않는다'라는 뜻이 된다. 많은 물리학 책에서는 이것을 '외부에서 물체에 힘을 가하지 않으면 정지해 있던 물체는 계속 정지해 있고, 운동하고 있던 물체는 계속 운동한다'라 설명하고 있다. 이런 여러 가지 설명들은 모두 같은 내용을 다른 말로 표현한 것이다.

뉴턴역학이 등장하기 전에 오랫동안 받아들여지던 고대 역학에서는 물체의 속력이 외부에서 가해준 힘에 비례한다고 설명했다. 다시 말해 큰 힘을 가하면 속력이 빨라지지만, 작은 힘을 가하면 속력이 느려진다는 것이다. 따라서 힘을 가하지 않으면 속력이 0이 되어 정지한다고 했다. 언뜻 보면 이것은 맞는 이야기처럼 보인다. 그러나 이것이 사실이라면 태양 주위를 빠른 속력으로 돌고 있는 지구 위에 있는 물체가 지구를 따라 달리기 위해서는 물체에 아주 큰 힘이 계속 가해져야 한다. 따라서 이런 설명으로는 빠르게 달리고 있는 지구 위에서 평화롭게 하늘을 날아다니고 있는 새들의 운동을 설명할 수 없다.

관성의 법칙은 고대 과학의 이런 설명이 틀렸다는 것을 확실하게 밝힌 것이다. 관성의 법칙에 의하면, 힘이 작용하지 않으면 운동을 멈추는 것이 아니라 처음의 운동 상태를 그대로 유지한다. 이렇게 되면 빠른 속력으로 달리고 있는 지구 위에 있는 물체에 외부에서 아무런 힘을 가하지 않아도 계속 지구와 같은 속력으로 달릴 수 있다. 따라서 빠르게 달리고 있는 지구 위에서도 지구가 정지해 있을 때와 같이 편안하게 살아갈 수 있다.

갈릴레이가 『두 우주 체계에 대한 대화』에서 설명한 상대성 원리도 관성의 법칙만 있으면 쉽게 설명할 수 있다. 관성의 법칙에 의해 일정한 속력으로 달리는 배 안에 있는 모든 물체는 외부에서 힘이 작용하지 않는 한 처음 속력으로 계속 달린다. 따라서 배가 정지해 있을 때와 조금도 달라지는 것이 없다.

갈릴레이는 빠르게 달리고 있는 지구 위에서나 우주 중심에 정지해 있는 지구에서나 같은 일이 일어난다는 것을 설명하기 위해 상대성 원리를 제안했지만, 그것을 역학적으로 설명하지는 못했다. 그러나 뉴턴은 관성의 법칙을 이용해 상대성 원리를 역학적으로 설명해낼 수 있었던 것이다.

관성의 법칙은 자동차를 타고 다니는 사람은 누구나 자주 경험하는 역학 법칙이다. 자동차가 출발할 때는 몸이 뒤로 쏠리지만, 자동차가 빠르게 달리고 있는 동안에는 아무런 느낌을 받지 않다가 정지할 때는 앞으로 쏠리는 것을 경험하는데, 이것이 바로 관성의 법칙 때문이다. 자동차가 출발할 때 자동차는 앞으로 나가

● 관성의 법칙에 의해 자동차가 출발할 때나 정지할 때는 몸이 뒤쪽이나 앞쪽으로 쏠린다.

지만 우리 몸에는 아직 그 힘이 전달되지 않아 그 자리에 있으려고 한다. 따라서 우리는 뒤로 쏠리는 느낌을 받는다. 그러나 좌석이나 손잡이, 또는 안전벨트를 통해 자동차의 힘이 우리에게 전달되면 우리도 자동차와 같은 속력으로 달리게 된다.

자동차가 일정한 속력으로 달리고 있으면 속력이 아무리 빨라도 자동차가 흔들리지 않는한 창문 밖을 내다보지 않고는 속도감을 느낄 수 없다. 우리도 자동차와 함께 빠른 속력으로 달리고 있고, 그렇게 달리는 동안에는 외부에서 아무런 힘이 가해지지 않기 때문이다. 따라서 일정한 속력으로 흔들리지 않고 달리는 자동차 안에서는 자동차가 정지해 있을 때와 똑같은 일들을 할 수 있다.

그렇다면 자동차가 일정한 속력으로 달리고 있는 동안에도 엔

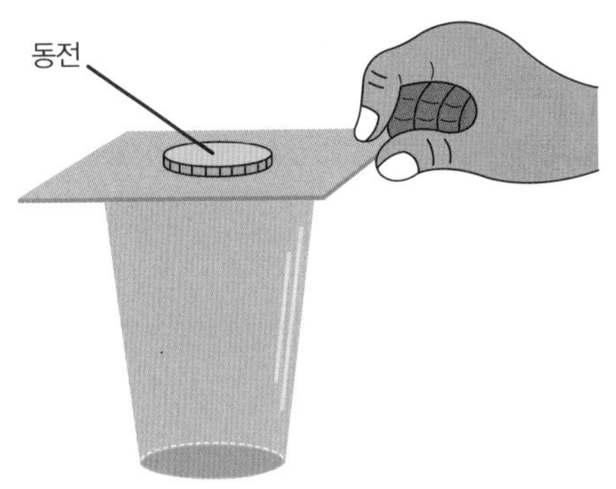

● 관성의 법칙을 이용한 묘기. 종이를 당기면 종이만 빠지고 동전은 컵 속으로 떨어진다.

진이 계속 돌아가야 하는 것은 무엇 때문일까? 자동차가 일정한 속력으로 달리기 위해서는 자동차에 가해지는 힘의 합, 즉 알짜힘이 0이어야 한다. 그런데 자동차가 달리고 있는 동안에 자동차에는 공기나 도로에 의한 마찰력이 계속 저항력으로 작용하고 있다. 따라서 이를 상쇄하여 알짜힘을 0으로 만들기 위해 엔진을 계속 작동시켜야 하는 것이다.

관성의 법칙은 여러 가지 묘기나 마술에서도 사용하고 있다. 학교 실험실에서는 컵과 동전을 이용하는 묘기를 자주 보여준다. 컵 위에 마찰이 적은 매끄러운 종이를 올려놓고 그 위에 무거운 동전을 올려놓은 다음 종이를 빠르게 잡아당기면 동전이 종이를 따라 앞으로 오지 않고 컵 안으로 떨어진다. 종이에는 손의 힘이 전달되어 앞으로 오지만 동전에는 힘이 전달되지 않아 관성의 법칙에 의해 제자리에 있으려고 하기 때문이다.

관성의 법칙은 외부에서 물체에 힘을 가하지 않으면 물체의 운동 상태가 바뀌지 않는다는 법칙이다. 이것은 외부에서 물체에 힘을 가하면 물체의 운동 상태가 바뀐다는 의미이기도 하다. 그렇다면 외부에서 힘이 가해지는 경우 물체의 운동 상태는 어떻게 달라질까? 이 질문에 대한 답이 다음에 이야기할 가속도의 법칙이다.

가속도의 법칙

관성의 법칙에 의해 외부에서 물체에 힘이 가해지지 않는 경우 운동 상태가 변하지 않는다. 그렇다면 외부에서 힘이 가해지는 경우에는 운동 상태가 변해야 한다. 운동 상태가 변한다는 말은 물체의 속력이나 운동 방향이 바뀐다는 것을 뜻한다. 운동 상태가 변하는 것을 물리학에서는 가속도라고 한다. 물체의 속력이 바뀌는 것도 가속도이고, 물체의 운동 방향이 바뀌는 것도 가속도이다.

물체의 상태 변화를 나타내는 가속도가 외부에서 가한 힘의 크기에 비례한다는 것이 가속도의 법칙이다. 다시 말해 외부에서 가해 준 힘의 세기가 두 배이면 가속도도 두 배가 되고, 힘의 세기가 세 배이면 가속도의 크기도 세 배가 된다. 이때 일정한 힘과 가속도 간의 관계에서 생기는 비례상수를 뉴턴은 물질의 양이라고 했다. 우리는 이 양을 질량이라고 부른다. 이렇게 힘과 가속도의 비례 상수로 정의되는 질량이 관성질량이다.

가속도의 법칙을 식으로 나타내면 $F = ma$라고 쓸 수 있다. 이 식에서 F는 외부에서 가해준 힘이며, a는 가속도이고, m은 질량이다. 이 식은 뉴턴역학을 나타내는 가장 중요한 식이다. 고등학교나 대학에서 역학을 공부하다 보면 복잡한 여러 가지 식을 다뤄야 한다. 그러나 그런 식들은 모두 $F = ma$라는 식으로부터 유도할 수 있다.

그리고 이 식은 힘이 무엇인지를 정의하는 식이다. 그러니까 뉴턴이 이 식을 찾아내기 전에는 힘이 무엇인지 정확하게 모르고 있었던 셈이 된다.

이 식에는 앞에서 설명한 관성의 법칙도 포함되어 있다. 이 식에서 F가 0이면, 가속도 a도 0이어야 한다. 가속도가 0이라는 것은 운동 상태가 변하지 않는다는 것을 의미한다. 따라서 관성의 법칙은 가속도 법칙에서 F가 0인 특별한 경우에 해당한다. 그런데도 관성의 법칙을 따로 떼어 놓은 것은 힘이 운동 상태를 유지하는 데 필요하다고 믿어온 기존의 생각이 틀렸다는 것을 확실하게 하기 위한 것이었다.

역학에서 주로 다루는 문제들은 여러 가지 다른 형태의 힘이 작용하는 경우에 속도나 위치가 어떻게 변하는지를 계산하는 문제들이다. 힘에는 중력이나 용수철에 작용하는 힘처럼 위치에 따라 달라지는 힘도 있고, 공기 중에서의 마찰력처럼 속력에 따라 달라지는 힘도 있으며, 공장 기계에 작용하는 힘처럼 시간에 따라 달라지는 힘도 있다. 고등학교, 대학, 그리고 대학원에서 다루는 문제들의 차이는 얼마나 복잡한 형태의 힘이 작용하는 문제를 다루느냐 하는 것이다.

고등학교에서는 주로 일정한 힘이 가해지는 경우에 물체가 어떤 운동을 하는지를 다룬다. 그러나 대학에서는 위치나 속력에 따라 달라지는 힘이 작용하는 문제들을 다루고, 대학원에서는 여러 가지 힘들이 복합적으로 작용하는 문제들을 다룬다.

작용과 반작용

많은 사람들은 지구의 중력이 사과를 잡아당겨 사과가 땅으로 떨어진다고 생각한다. 그러나 지구가 사과를 당길 때 사과도 같은 힘으로 지구를 당긴다. 한쪽에서만 일방적으로 작용하는 힘은 어디에도 없다. 이것이 뉴턴이 발견한 세 번째 법칙인 작용 반작용의 법칙이다. 작용 반작용의 법칙은 중력뿐만 아니라 전자기력과 같은 나른 모든 힘에도 적용되는 법칙이다.

지구는 사과를 당기고 사과는 지구를 당기는데 지구가 사과로 떨어지지 않고 사과가 지구로 떨어지는 것은 무엇 때문일까? 사실은 사과가 지구로 떨어지는 것이 아니라 사과와 지구가 서로 가까워진다. 다만 사과보다 지구가 훨씬 질량이 크기 때문에 사과는 많이 움직이고, 지구는 아주 아주 아주 조금 움직이기 때문에 사과가 떨어지는 것처럼 보일 뿐이다.

• 뉴턴

그렇다면 물체에 힘을 가해 물체에 가속도가 생기는 경우를 생각해 보자. 이때 물체에 가해준 힘을 작용이라고 하면 반작용은 무슨 힘일까? 이런 경우에도 작용 반작용의 법칙이 성립하려면 가속도를 가지고 움직이는 물체에는 가속도의 반대 방향으로 어떤 힘이 작용하고 있어야 한다. 물리학에서는 이 힘을 관성력이라고 부른다. 질량이 m인 물체가 a의 가속도로 움직이게 하기 위해 작용해야 하는 힘은 $F = ma$이고, 이때 가속도의 반대 방향으로 작용하는 관성력의 크기도 ma이다. 따라서 관성력을 가정하면 가속도로 움직이고 있는 물체에도 작용 반작용의 법칙이 성립한다.

원운동을 하고 있는 물체에 중심에서 멀어지는 방향으로 작용하는 원심력도 관성력이다. 원심력은 물체의 운동 방향을 바꾸기 위해 중심 방향으로 작용하는 구심력의 반작용이다.

빛보다 더 빠르게 달리는 것도 가능하다

가속도의 법칙에서 물체에 힘이 가해지면 가속도가 생겨야 하고, 가속도가 생기면 속도가 달라져야 한다. 그런데 가속도에는 속력이 변하는 가속도와 운동 방향이 변하는 가속도가 있다. 물체가 운동하고 있는 경우 물체가 운동하고 있는 방향과 같은 방향이나 반대 방향으로 힘이 작용하면 속력이 빨라지거나 느려지는 가속도가 생긴다. 그러나 운동하는 방향과 수직한 방향으로 힘이 작용하면 속력은 달라지지 않고 운동 방향만 변한다.

원운동은 운동 방향이 계속 변하는 운동이다. 운동 방향이 계속 변하기 위해서는 힘이 항상 운동 방향과 수직한 방향으로 작용해야 한다. 따라서 원운동을 하고 있는 물체에는 원의 중심 방향으로 힘이 계속 작용하고 있다. 줄에 매달린 물체를 손에 들고 돌리는 경우에는 줄이 중심 방향으로 물체를 계속 잡아당기고 있고, 지구 주위를 돌고 있는 달에는 지구 중력이 중심 방향으로 작용하고 있다.

이제 물체의 운동 방향과 같은 방향으로 힘이 작용하는 경우에 대해 생각해 보자. 물체가 운동하는 방향과 같은 방향으로 힘이 작용하면 물체의 속력이 점점 빨라진다. 만약 아주 오랫동안 힘을 계속 작용하면 물체의 속력이 아주 빨라져 빛보다도 더 빠른 속력으로 달릴 수 있을 것이다. 뉴턴역학에서는 빛의 속력이 특별한 의미를 가지고 있지 않다. 따라서 빛보다도 더 빨리 달릴 수 있다는 것이 아무런 문제가 되지 않는다.

천문학자들은 태양에서 날아오는 입자들인 태양풍을 이용하여 우주를 달리는 우주선을 설계하고 있다. 돛단배가 바람의 힘으로 바다를 달리는 것처럼 커다란 돛을 단 우주선이 태양풍의 압력을 이용하여 우주를 달려보자는 것이다. 태양풍의 약한 압력으로 큰 우주선을 달리도록 하는 것이 과연 가능할까? 압력이 약한 것은 문제가 되지 않는다. 아주 약한 압력이라고 해도 오랫동안 작용하면 빠른 속력에 도달할 수 있기 때문이다. 뉴턴역학에 의하면 태양풍의 압력으로 달리는 돛단 우주선도 빛보다 더 빠른 속력으로 달리는 것이 가능하다.

지금까지 설명한 세 가지 운동법칙은 힘과 운동 사이의 관계를 설명한 것이다. 물체에 어떤 힘이 작용하고 있는지만 알면 운동법칙을 이용하여 물체가 어떻게 운동할지를 알아낼 수 있다. 다시 말해 지구의 운동을 알아내기 위해서는 지구에 어떤 힘이 작용하는지 알아야 한다.

그렇다면 태양과 지구 사이에는 어떤 힘이 작용하고 있을까? 케플러가 발견한 행성의 운동법칙을 자세히 분석한 뉴턴은 태양과 지구 사이에 거리 제곱에 반비례하는 힘이 작용해야 한다는 것을 알아냈다. 그리고 그는 이런 사실을 바탕으로 모든 물체 사이에는 질량의 곱에 비례하고, 거리 제곱에 반비례하는 인력이 작용하고 있다는 것을 알아냈다. 이것이 바로 뉴턴의 중력법칙이다. 중력법칙을 식으로 나타내면 다음과 같다.

$$\text{중력} = \text{중력상수} \times \frac{\text{질량}_1 \times \text{질량}_2}{\text{거리}^2}$$

이때 중력상수가 아주 작은 값이어서 물체 사이에 작용하는 중력의 세기는 아주 약하다. 따라서 우리는 주위에 있는 물체들 사이에 작용하는 중력을 느끼지 못하고 살아가고 있다. 그러나 질량이 큰 물체들 사이에는 강한 중력이 작용한다. 우리 주변에 있는 물체 중에서 가장 큰 질량을 가지고 있는 물체는 지구이다. 따라서 우리와 지구 사이에는 매우 강한 중력이 작용하고 있다. 무거운 역기를 들어올리기 위해 안간힘을 쓰고 있는 역도 선수들을 보고 있으면 지구 중력이 얼마나 강한지 실감할 수 있을 것이다.

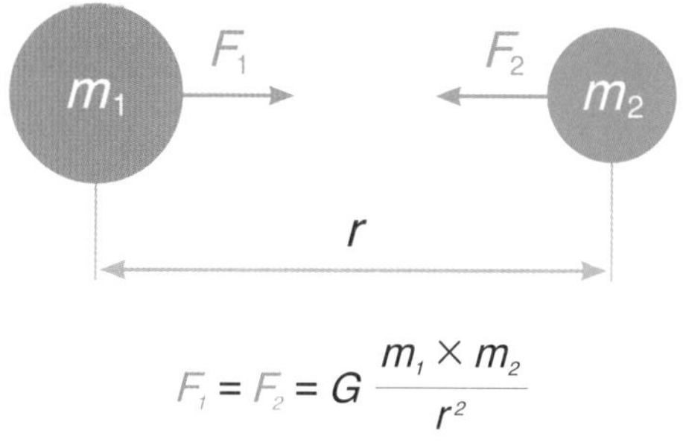

$$F_1 = F_2 = G\frac{m_1 \times m_2}{r^2}$$

● 두 물체 사이에는 질량의 곱에 비례하고 거리 제곱에 반비례하는 중력이 서로 반대 방향으로 작용하고 있다.

우리 주위에 있는 물체와 지구 사이에 작용하는 중력의 세기를 계산할 경우에는 중력상수, 지구 질량, 지구의 반지름이 일정한 값이므로 이 값을 미리 계산하면 다음과 같은 값이 나온다.

$$\frac{\text{중력상수} \times \text{지구 질량}}{\text{지구 반지름}^2} = 9.8m/s^2 = g$$

따라서 지구 표면에 있는 질량이 m인 물체와 지구 사이에 작용하는 중력의 세기는 mg이다. 이것을 우리는 물체의 무게라고 말한다. 따라서 우리가 몸무게를 재는 것은 우리와 지구 사이에 작용하는 중력의 세기를 측정하는 것과 같다.

중력법칙에 의하면 중력의 세기는 질량의 곱에 비례한다. 중력의 세기를 계산할 때 사용하는 이런 질량을 중력질량이라고 하여 가속도의 법칙에 포함되었던 관성질량과 구별한다. 두 질량의 관계에 대해서는 뒤에서 자세하게 설명할 예정이다.

무거운 물체와 가벼운 물체는 어느 것이 더 빨리 떨어질까?

고대 과학에서는 무거운 물체가 가벼운 물체보다 더 빨리 떨어진다고 했다. 그러나 갈릴레이는 공기의 마찰력이 없다면 무거운 물체와 가벼운 물체가 똑같이 떨어질 것이라고 설명했다. 갈릴레이가 이탈리아 피사에 있는 비스듬하게 기울어진 탑에서 무거운 물체와 가벼운 물체를 떨어뜨리는 실험을 했다는 이야기가 전해지고 있다. 갈릴레이가 실제로 그런 실험을 했는지는 확실하지 않지만, 갈릴레이가 무거운 물체와 가벼운 물체가 똑같이 떨어진다는 것을 알고 있었던 것은 확실하다.

만약 갈릴레이가 피사의 사탑에서 실제로 정밀한 낙하실험을 했다면 무거운 물체와 가벼운 물체가 똑같이 떨어지는 실험결과가 나오지 않았을 것이다. 공기의 마찰력이 작용하는 경우에는 마찰력에 따라 떨어지는 속력이 달라지기 때문이다. 공기의 마찰력은 물체의 모양이나 표면 상태, 그리고 속력에 따라 달라진다. 따라서 무거운 물체와 가벼운 물체가 똑같이 떨어진다는 것을 확인하기 위해서는 진공에서 실험해야 한다. 현대에는 진공에서 이런 실험을 정밀하게 실시하고 무거운 물체와 가벼운 물체가 똑같이 떨어진다는 것을 확인했다.

진공에서 무거운 물체와 가벼운 물체가 똑같이 떨어지는 이유는 중력질량이 관성질량과 같기 때문이다. '힘 = 관성질량 × 가속도'라는 가속도의 법칙에 '중력질량 × 중력가속도'로 나타내어지는 중력을 대입하면,

● 갈릴레이

$$중력질량 \times 중력가속도 = 관성질량 \times 가속도$$

가 된다. 따라서 중력질량과 관성질량이 같은 경우에는 질량의 크기에 관계없이 모두 같은 중력가속도의 크기로 떨어지게 된다.

중력질량과 관성질량이 실제로 정확하게 같은지를 알아내기 위한 많은 실험을 통해 두 질량이 같은 값을 가진다는 것이 밝혀졌다. 두 가지 질량의 값이 같으므로 대개는 두 가지 질량을 구별하지 않고 그냥 질량이라 부르고 있다. 그러나 아인슈타인은 이 두 가지 질량이 같은 것에 자연의 비밀이 숨어 있는 것이 아닐까 하는 생각을 했다. 후에 아인슈타인은 이 두 가지 질량이 같다는 것을 일반상대성이론의 출발점으로 삼았다. 따라서 상대성이론 이야기를 하기 위해서는 두 가지 질량의 의미를 잘 알고 있어야

한다. 아인슈타인의 일반상대성이론은 뉴턴의 중력법칙을 대신하는 새로운 중력법칙이다.

운동량과 에너지

뉴턴역학에서 힘, 질량, 가속도 다음으로 중요한 물리량은 운동량과 에너지이다. 뉴턴은 『프린키피아』에서 운동의 양을 물체의 속도에 물질의 양을 곱한 값이라고 정의했다. 이 운동의 양을 후에 운동량이라고 부르게 되었다.

외부에서 가해준 힘은 질량과 가속도를 곱한 값과 같다는 가속도의 법칙을 운동량을 이용해서 다른 말로 표현하면 '외부에서 힘을 가하지 않으면 물체의 운동량이 변하지 않는다'라고 정의할 수 있다. 이것은 외부에서 힘이 가해지지 않으면 물체의 운동량이 일정하게 유지된다는 것을 뜻하므로 운동량 보존법칙이라고 부른다. 따라서 운동량 보존법칙은 운동량을 이용하여 나타낸 가속도 법칙이다. 운동량 보존법칙은 역학에서 여러 가지 문제를 해결할 때 자주 사용되는 중요한 법칙이다.

뉴턴의 『프린키피아』에는 에너지라는 물리량은 포함되어 있지 않았다. 뉴턴역학이 등장하고 100년쯤 지난 후에 힘에다 그 힘으로 움직인 거리를 곱한 양을 일이라고 정의했고, 일할 수 있는 능력을 에너지라고 부르게 되었다. 그리고 운동에너지, 위치에너지, 탄성에너지, 원자핵 에너지와 같은 여러 가지 에너지가 있다는 것을 알아냈다.

『프린키피아』에 에너지라는 물리량이 포함되어 있지 않았다는 것은 에너지라는 물리량이 없어도 물체의 운동을 분석하는 것이 가능하다는 것을 뜻한다. 그러나 어떤 경우에는 에너지 관계식을 이용하는 것이 가속도의 법칙을 이용하는 것보다 더 편리하다. 따라서 에너지는 뉴턴역학의 핵심 개념이 되었다. 운동량과 에너지는 상대성이론에서도 매우 중요한 물리량이다.

물리량과 상대속력

갈릴레이는 모든 관성계에서는 같은 물리법칙이 성립해야 한다는 상대성 원리를 제안했고, 뉴턴의 운동법칙은 상대성 원리가 왜 성립해야 하는지를 역학적으로 설명했다. 그렇다면 서로 다른 관성계에서 측정한 길이, 시간, 질량과 같은 물리량들은 모두 같을까 아니면 다를까? 다시 말해 어떤 물체의 길이, 시간, 질량을 그 물체에 대해 상대적으로 정지해 있는 사람이 측정한 값과 빠르게 달리고 있는 사람이 측정한 값이 같을까 아니면 다를까?

갈릴레이가 쓴 책들에서나 뉴턴의 『프린키피아』에서는 이에 대해 따로 설명해 놓지 않았다. 서서 측정한 값과 달리면서 측정한 값이 다를 것이라고는 생각조차 하지 않았기 때문이다. 그 이유는 서서 측정한 길이, 시간, 질량과 달리면서 측정한 길이, 시간, 질량의 값이 당연히 같은 값이라고 생각했기 때문이다. 따라서 뉴턴역학에서는 모든 관성계에서 측정한 물리량도 같고, 물리법칙도 같다고 설명하고 있다고 정리할 수 있다.

뉴턴역학에서는 모든 관성계에서 측정한 길이나 시간, 그리고 질량은 당연히 같은 값을 가진다고 생각했지만, 물체의 속력은 측정하는 사람의 속력에 따라 달라져야 한다. 길을 달리고 있는 버스의 속력을 길가에 서 있는 사람이 측정한 값과, 빠르게 달리고 있는 기차를 타고 있는 사람이 측정한 값이 다르다는 것은 누구나 경험을 통해 잘 알고 있는 사실이다.

이것을 기호와 식을 이용해 나타내면, V의 속력으로 달리고 있는 기차 안에서 v'의 속력으로 앞으로 걸어가는 사람의 속력을 길가에 서 있는 사람이 측정한 값 v는, $v=V+v'$가 된다는 것이다. 다시 말해 초속 20미터로 달리고 있는 기차 안에서, 초속 2미터의 속력으로 앞으로 걸어가고 있는 사람의 속력을 길가에 서 있는 사람은 초속 22미터라고 측정한다.

그렇다면 만약 빛의 속력의 80%나 되는 빠른 속력으로 달리는 기차 안에서 앞쪽을 향해 빛의 속력의 60%나 되는 빠른 속력으로 공을 던졌다고 가정해 보자. 뉴턴역학에 의하면 길가에 서 있는 사람은 이 공의 속력이 빛의 속력의 140%라고 측정할 것이다. 이것은 뉴턴역학에서 빛보다 빠른 속력으로 달리는 것이 가능하다는 것을 나타낸다.

측정하는 사람의 운동 상태와는 관계없이 길이나 시간, 질량과 같은 물리량들은 항상 같은 값이고, $v=V+v'$라는 식으로 나타내어지는 속도 더하기는 우리가 일상생활을 통해 경험하고 있는 것과 같다. 따라서 우리가 경험을 통해 알고 있는 상식과 잘 맞는 뉴턴역학을 이해하는 것은 그리 어려운 일이 아니다. 복잡한 문제들을 풀어내기 위해 조금 복잡한 수식을 사용하고 있어서 고등학

교나 대학에서 수학을 더 많이 공부한 후에야 본격적으로 뉴턴역학의 문제들을 다룰 수 있게 되겠지만, 그것은 차근차근 배워 가면 누구나 할 수 있는 일이다.

그러나 우리가 이야기해야 할 아인슈타인의 상대성이론에서는 우리가 경험을 통해 알고 있는 상식과는 전혀 다른 이야기를 한다. 하지만 그런 생각을 하게 되는 과정을 따라가 보면 의외로 쉽게 상대성이론을 이해할 수 있다. 새로운 세상을 탐험하는 것은 언제나 즐겁고 흥분되는 일이다. 우리 상식으로 이해할 수 있는 뉴턴역학이 난해한 상대성이론으로 바뀌어 가는 과정을 숨 죽이고 따라가 보자.

그러니까 뉴턴역학의 내용 중 상대성이론과 관계있는 부분은
다음과 같이 정리할 수 있어요.

1. 모든 관성계에서는 상대성 원리가 성립한다.
2. 모든 관성계에서 측정한 길이, 시간, 질량과 같은 물리량은 같다.
3. 속력은 측정하는 사람과의 상대속력에 따라 달라진다.
4. 빛보다 더 빨리 달리는 것도 가능하다.

위대한 발명가이기도 했던 뉴턴

뉴턴은 운동법칙과 중력법칙을 제안하여 뉴턴역학이라고 불리는 새로운 역학체계를 만든 위대한 이론 물리학자라고 널리 알려져 있다. 그러나 어릴 적부터 기계나 모형 만드는 것을 좋아했던 뉴턴은 빛을 이용하여 여러 가지 실험을 한 실험 물리학자였으며, 새로운 망원경을 발명한 발명가이기도 했다.

뉴턴은 프리즘을 이용하여 무색 빛이 무지개 색깔로 분산되는 것을 보여주기도 했고, 렌즈를 이용하여 무지개 색깔의 빛들을 모아 무색 빛을 만들어 보이기도 했다. 그것은 무색 빛이 순수한 빛이 아니라 여러 가지 색깔의 빛이 모인 복합적인 빛이라는 것을 보여주는 실험이었다. 이것은 밝은 빛이 순수한 빛이며 여러 가지 색깔의 빛은 순수한 빛에 불순물이 섞인 빛이라고 했던 고대 과학의 설명이 틀렸다는 것을 증명한 실험으로 광학의 발전에 크게 공헌한 실험이었다.

뉴턴은 또한 반사망원경을 만들기도 했다. 망원경은 멀리 있는 희

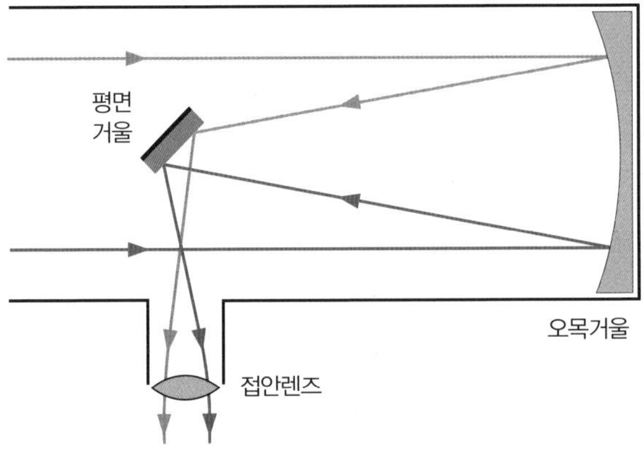

● 뉴턴식 반사망원경의 원리

미한 물체를 선명하게 관찰할 수 있도록 하는 장치이다. 멀리 있는 물체를 잘 보기 위해서는 그 물체에서 오는 빛을 많이 모아 선명한 상을 만들어야 한다. 빛을 모으는 방법에는 두 가지가 있다. 하나는 볼록렌즈를 이용하여 빛을 모으는 방법이고 다른 하나는 오목거울을 이용하여 빛을 모으는 방법이다.

커다란 볼록렌즈를 이용하여 빛을 모아 선명한 상을 만들고 이 상을 접안렌즈로 확대하여 보는 것이 굴절망원경이다. 뉴턴 이전에 만들어진 망원경들은 모두 굴절망원경이었다. 그런데 볼록렌즈를 이용하여 빛을 모으기 위해서는 빛이 렌즈를 통과해야 하는데 빛의 파장, 즉 색깔에 따라 굴절률이 달라 상의 가장자리가 무지개 색깔로 물들어 보인다. 이런 것을 색수차라고 하는데 굴절망원경의 가장 큰 단점은 색수차가 생긴다는 점이었다.

뉴턴은 굴절망원경의 단점을 개선한 반사망원경을 최초로 만들었

● 뉴턴이 만든 반사망원경(출처: 영국 왕립학회, 국립중앙과학관)

다. 볼록렌즈 대신 오목거울을 이용하여 빛을 모아 상을 만들고, 접안렌즈로 이 상을 확대하여 보는 망원경이 반사망원경이다. 반사망원경에서는 빛이 거울 표면에서 반사만 하기 때문에 색수차가 생기지 않는다.

뉴턴은 새로운 역학체계의 기초를 마련한 뛰어난 이론 물리학자였을 뿐만 아니라 숙련된 실험 물리학자였고, 위대한 발명가였다.

3장

빛과 전자기파

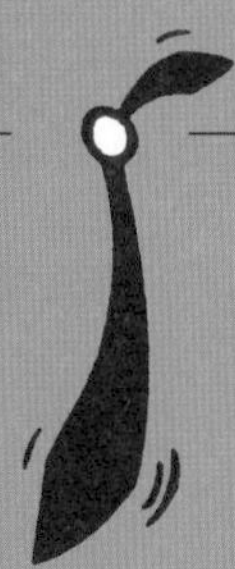

빛의 정체를 밝혀라

어려서부터 뛰어난 수학적 재능으로 주위 사람들을 놀라게 했던 영국의 물리학자 제임스 클럭 맥스웰은 1873년에 『전자기론』이라는 책을 출판했다. 이 책에는 그때까지 발견되었던 전자기학의 법칙들을 네 개의 기본적인 방정식으로 정리해 놓은 맥스웰 방정식이 포함되어 있었다. 맥스웰 방정식은 전기와 자석의 성질과 이들의 상호작용을 설명하는 방정식들이다.

첫 번째 방정식은 전기장이 플러스 전하에서 출발해서 마이너스 전하에서 끝난다는 것을 수학적으로 설명한 방정식이다. 좀 더 쉬운 말로 이야기하면 같은 부호의 전기끼리는 밀어내고, 서로 다른 부호의 전기는 서로 끌어당긴다는 것을 나타내는 방정식이다.

두 번째 방정식은 자기장은 시작과 끝이 있는 것이 아니라 꼬리에 꼬리를 물고 계속 연결되어 있다는 것을 나타내는 방정식이다. 다시 말해 두 번째 방정식은 자석에는 N극과 S극이 있는 것이 아니라 N극 방향과 S극 방향만 있다는 것을 나타낸다. N극과 S극으로 이루어진 자석을 둘로 자르면 한 쪽은 N극이 되고 다른 한 쪽은 S극이 되는 것은 이 때문이다. 그러니까 이 두 방정식은 전기와 자석의 기본적인 성질을 수학식으로 나타낸 것이다.

세 번째 방정식은 전류가 흐르거나 전기장의 세기나 방향이 변하면 주변에 자석의 성질이 만들어진다는 것을 나타내는 방정식이다. 못에 코일을 감고 전류를 흐르게 하면 전자석이 만들어지는 것을 설명하는 것이 이 방정식이다.

네 번째 방정식은 자석을 움직이면 주변에 있는 도선에 전류가 흐르게 된다는 것을 나타내는 방정식이다. 패러데이 전자기 유도법칙이라고 불리기도 하는 네 번째 방정식은 발전기와 변압기의 원리가 되고 있다.

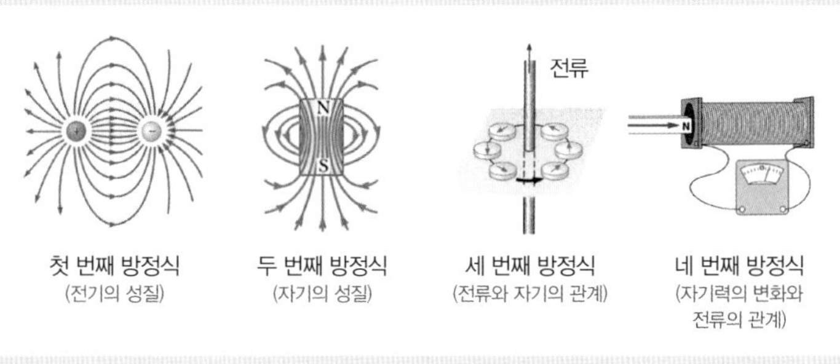

그림으로 나타낸 맥스웰 방정식(화살표는 (+) 전기가 받는 힘의 방향, 또는 자석의 N극 방향을 나타낸다.)

뉴턴역학에서 가장 기본적인 법칙이 $F = ma$라는 식으로 나타내는 가속도의 법칙이라면, 맥스웰 방정식은 전자기학에서 가장 기본적인 법칙이다. 따라서 가속도의 법칙과 함께 맥스웰 방정식은 물리학의 기초를 이루고 있는 중요한 법칙이다.

그런데 맥스웰 방정식을 이용하여 여러 가지 계산을 하던 맥스웰

● 맥스웰(위키피디아)

은 놀라운 사실을 발견한다. 세 번째 방정식과 네 번째 방정식을 연립하여 약간의 계산을 하자 파동 방정식이 만들어진 것이다. 파동 방정식은 소리나 물결파와 같은 파동이 어떤 속도로 퍼져나가는지를 나타내는 방정식이다. 맥스웰 방정식으로부터 파동 방정식이 만들어졌다는 것은 우리가 알지 못하고 있던 파동이 공간을 통해 퍼져나가고 있다는 것을 뜻했다. 이런 파동을 전자기파라고 부른다.

그러나 놀라운 것은 그뿐만이 아니었다. 이 파동 방정식을 이용하여 계산한 전자기파의 속력이 그때까지 실험을 통해 알아낸 빛의 속력과 같았다. 맥스웰은 이에 대해 다음과 같은 기록을 남겼다.

'전자기파의 속력은 빛의 속력과 너무 가까워 빛도 전자기학 법칙에 의해 전파되는 전자기파라고 할 충분한 이유가 된다.'

다시 말해 전자기파의 속력이 빛의 속력과 같다는 것은 빛도 전자기파라는 증거가 되기에 충분하다고 생각한 것이다.

그러나 맥스웰은 수학적 계산을 통해 이론적으로 전자기파가 존재한다는 것을 밝혀내기는 했지만 실험을 통해 실제로 전자기파가 있는지를 확인한 것이 아니었고, 전자기파의 속력이 빛의 속력과 같다는 것을 밝혀낸 것도 아니었다.

1888년에 실험을 통해 전자기파가 실제로 존재한다는 것을 밝혀낸 사람은 독일의 하인리히 헤르츠였다. 그는 다양한 실험을 통해 전자기파가 빛과 똑같은 성질을 가진다는 것을 확인했다.

그러나 이것으로 전자기파와 관련된 문제가 모두 해결된 것은 아니었다. 소리는 공기를 통해 퍼져나가고, 물결파는 물을 통해 전달된다. 이때 공기나 물을 음파나 물결파의 매질이라고 한다. 그러니까 매질의 흔들림을 통해 에너지가 전달되는 것이 파동이다. 그렇다면 전자기파를 전파시키는 매질은 무엇일까? 맥스웰은 우주공간에 에테르라는 눈에 보이지 않는 매질이 가득 차 있으며, 빛은 에테르를 통해서 전파된다고 주장했다.

맥스웰 연구에 자극을 받은 과학자들은 빛을 전파시키는 에테르를 찾아내기 위한 실험을 시작했다. 그리고 그런 연구들은 뉴턴역학과는 다른 아인슈타인의 상대성이론으로 이어졌다. 결국 빛과 전자기파에 대한 연구가 아인슈타인의 상대성이론을 탄생시킨 것이다.

그렇다면 빛에 대한 연구가 어떻게 상대성이론을 탄생시키게 되었을까? 빛은 어떤 특별한 성질을 가지고 있는 것일까?

17세기의 빛에 대한 연구

지금부터 5억 4200만 년 전 지구상에는 캄브리아기 생명 대폭발이라고 부르는 커다란 변화가 있었다. 지구상에 생명체가 처음 등장한 것은 35억 년 이전이었다. 그러나 현재 지구상에 살고 있는 생명체들의 먼 조상들이 대부분 등장한 것은 캄브리아기 생명 대폭발 시기였다. 이때 나타난 가장 큰 변화는 발달된 눈을 가진 여러 가지 생명체의 등장이었다. 눈을 가진 생명체들은 빛을 통해 주변 정보를 받아들이고, 그것을 바탕으로 생존전략을 세운다. 따라서 빛을 통해 얼마나 많은 정보를 받아들일 수 있느냐가 그 생명체의 생존 여부에 큰 영향을 끼치게 되었다.

사람들은 자연에 대한 대부분의 정보를 빛을 통해 얻고 있다. 따라서 빛의 실체가 무엇인지를 아는 것은 우리가 받아들인 정보를 해석하여 자연의 참모습을 알아내기 위해 꼭 필요한 일이다. 빛이 무엇인가에 대한 과학적 실험연구가 시작된 것은 갈릴레이와 케플러, 그리고 뉴턴이 활약하던 1600년대부터였다. 1600년대에 빛이 무엇인지를 설명하는 다양한 이론이 나타났고, 빛의 반사나 굴절과 관련된 법칙들이 밝혀졌으며, 빛의 속력을 측정하려고 시도하는 사람들이 나타났다.

빛에 대한 연구가 시작된 1600년대에는 빛의 정체에 대해서 여러 가지 다양한 학설이 제안되었다. 일부 과학자들은 빛이 눈에 보이지 않는 액체와 비슷한 물질이라고 주장하기도 했으며, 일부에서는 빛이 아주 작은 입자의 흐름이라고 했고, 또 다른 사람들은 빛이 파동이라고 주장했다. 그러나 어느 학설도 빛과 관련된 모든 현상을 설명할 수 없었기 때문에 빛의 정체에 대한 논쟁은 오랫동안 결론을 내리지 못하고 있었다.

이런 논쟁을 정리하고 빛이 눈에 보이지 않는 아주 작은 알갱이들로 이루어졌다는 입자설을 받아들이도록 한 사람은 뉴턴이었다. 그는 프리즘을 이용한 실험을 통해 빛이 여러 가지 색깔의 빛들로 이루어졌다는 것을 밝혀내기도 했으며, 반사망원경을 발명하기도 했고, 대학에서 광학을 강의하기도 했다. 1704년에는 빛에 대한 연구를 정리하여 『광학』이라는 책을 출판했다. 이 책은 『프린키피아』만큼이나 후세 과학에 많은 영향을 끼친 중요한 책이 되었다.

이 책에서 뉴턴은 빛이 그림자를 만들어내는 것은 빛이 입자이기 때문이라고 설명했다. 방파제로 둘러싸인 항구 안까지 파도가 들어오는 것을 보면 알 수 있는 것처럼 파동은 휘어져 진행할 수 있다. 따라서 파동은 선명한 그림자를 만들 수 없다. 그러나 빛은 선명한 그림자를 만들기 때문에 빛은 파동이 아니라고 생각한 것이다.

1687년에 운동법칙과 중력법칙을 발표한 뉴턴은 18세기 초 과학계에서 가장 권위 있는 사람이었다. 『광학』을 출판하기 한 해 전인 1703년에는 영국 왕립협회 회장이 되기도 했다. 따라서 빛이 작은 입자들로 이루어졌다는 입자설은 뉴턴의 권위에 힘입어 널리 받아들여지게 되었다. 입자설은 1800년대 초에 빛을 파동이라고 설명하는 파동설이 등장할 때까지 오랫동안 대부분의 과학자들이 받아들이는 학설이 되었다.

빛의 속력에 대한 논의가 시작된 것도 1600년대였다. 고대 과학에서는 빛의 속력이 무한대라고 했다. 다시 말해 빛이 전달되는 데는 시간이 걸리지 않는다고 생각했다. 그러나 갈릴레이는 빛도 일정한 속력으로 전파되고 있다고 주장하고 빛의 속력을 측정하는 방법을 제안하기도 했다. 그가 제안한 방법으로는 실제로 빛의 속력을 측정할 수는 없었지만, 빛도 일정한 속력으로 전파되고 있을 것이라는 그의 주장은 빛에 대한 연구에 많은 영향을 끼쳤다.

빛의 속력을 처음으로 측정하려고 시도한 사람은 덴마크의 천문학자 올레 뢰머였다. 자신이 만든 망원경을 이용하여 하늘을 관측한 갈릴레이는 목성을 돌고 있는 네 개의 위성을 발견했다. 이 네 개의 위성을 갈릴레이 위성이라고 부른다. 갈릴레이 위성들 중 가장 안쪽에 있는 이오는 42.5시간을 주기로 목성을 돌고 있다.

지역에 따라 다른 시간을 사용하고 있던 17세기 과학자들은 다른 지역에서 관측한 자료들을 비교하는 데 많은 어려움을 느끼고 있었다. 따라서 모든 과학자들이 공통으로 사용할 시계가 있었으면 좋겠다고 생각하는 사람들이 많았다. 과학자들 중에는 이오를 전 세계 사람들이 공통으로 사용할 수 있는 시계로 이용하자고 제안하는 사람들도 있었다. 따라서 이오의 공전주기를 정확하게 측정하려고 시도하는 사람들이 많이 있었다.

이오의 공전주기를 자세하게 측정한 과학자들은 이오의 공전주기가 6개월 동안은 조금씩 짧아지다가 다시 6개월 동안은 길어진다는 것을 발견했다. 뢰머는 1676년에 이오의 공전주기가 6개월을 주기로 짧아졌다 느려졌다 하는 것은 지구가 태양 주위를 돌면서 6개월 동안은 목성으로 다가가고, 6개월 동안은 목성에서

빛의 속력을 측정하고 싶다고요?
그럼 이렇게 해보세요. 갓을 씌운 등불을 든
사람들을 산 위에 세워놓고 한 사람이
갓을 벗겼을 때 등불을 본 사람이
갓을 벗기게 하여 빛이 오고가는 시간을
측정하는 겁니다.

갈릴레이

목성의 위성 이오의 공전주기가
달라지는 것은 지구가 목성으로 다가가기도 하고
멀어지기도 하기 때문입니다.
지구의 속력을 알고 있으므로 이오의 주기가
달라지는 것을 측정하면 빛의 속력을
측정할 수 있습니다.

뉴턴

멀어지기 때문이라고 설명했다. 그는 이오의 주기가 짧아지고 멀어지는 정도와 지구의 공전 속도를 이용하면 빛의 속력을 측정할 수 있을 것이라고 주장했다.

뢰머의 방법을 이용하여 계산한 빛의 속력은 초속 21만 2000킬로미터로 현재 우리가 알고 있는 빛의 속력 초속 30만 킬로미터보다는 훨씬 느린 값이었다. 그러나 이것은 처음으로 빛의 속력을 과학적인 방법으로 측정한 값이었다. 이로 인해 많은 사람들이 빛이 일정한 속력으로 전파된다는 것을 알게 되었다.

1725년 용자리 감마별을 관측하고 있던 영국의 천문학자 제임스 브래들리는 이 별이 1년 동안 작은 타원을 그리면서 돌고 있다는 것을 발견했다. 빛이 일정한 속력으로 달리고 있다는 것을 알고 있었던 브래들리는 이것이 지구의 공전운동으로 인해 나타나는 광로차라는 것을 알아냈다.

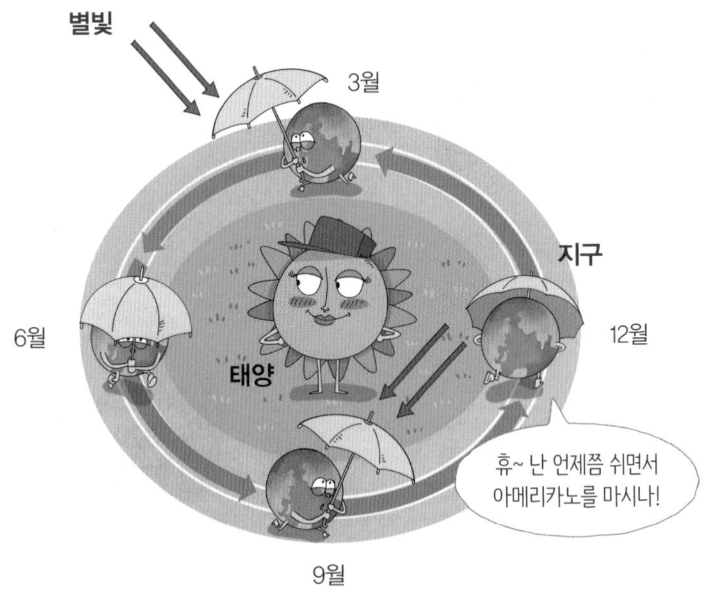

● 지구가 태양을 도는 공전운동으로 인해 별빛의 방향이 달리지는 것을 광로차라고 한다.

광로차가 나타나는 이유는 하늘에서 오는 비를 생각하면 쉽게 이해할 수 있다. 하늘에서 똑바로 떨어지는 비를 피하려면 우산을 똑바로 머리 위에 써야 한다. 그러나 앞으로 걸어가면서 비를 피하려면 우산을 앞으로 기울여야 한다. 앞으로 걸어가면 비가 앞쪽에서 비스듬하게 내리기 때문이다. 이와 마찬가지로 빠르게 달리는 지구에서 별 빛을 관측하면 별이 앞쪽으로 이동해 있는 것처럼 보인다.

또한 지구가 태양을 돌면서 계속 방향을 바꾸므로 별의 위치도 계속 달라져 보인다. 브래들리는 별의 위치가 달라지는 정도와 지구의 속력을 이용하여 빛의 속력을 계산하고 빛의 속력이 지구의 속력보다 1만 배 빠르다는 것을 알아냈다. 브래들리는 이 연구

결과를 1729년 1월에 영국 왕립협회에서 발표했다. 그는 빛이 지구에서 태양까지 가는 데 걸리는 시간은 8분 12초 정도라고 했다.

19세기의 빛에 대한 연구

100년 이상 널리 받아들여지던 빛의 입자설에 의문을 제기한 사람은 영국의 의사였던 토마스 영이었다. 영은 1800년에 이중 슬릿을 통과한 빛이 간섭무늬를 만들어낸다는 것을 밝혀내고 빛이 입자가 아니라 파동이라고 주장했다. 두 개 이상의 물결파가 만나면 복잡한 모양의 파동을 만들어내는 것처럼 두 개 이상 빛의 파동이 만나 파동이 약해지거나 강해지는 것을 파동의 간섭이라고 한다.

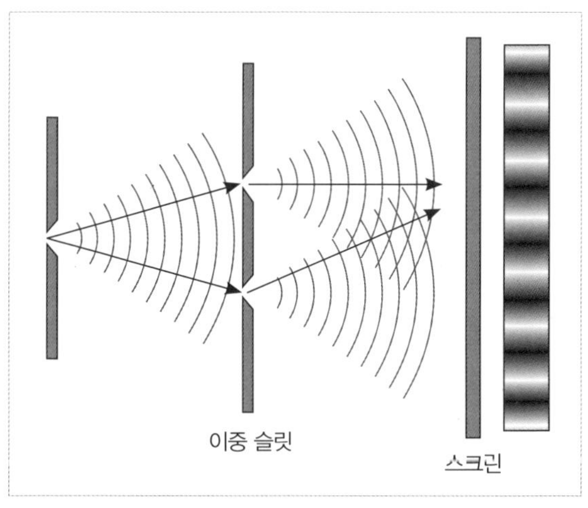

● 빛이 간섭무늬를 만든다는 것을 보여준 영의 이중 슬릿 실험

그 후 입자설로는 설명할 수 없는 편광이나 복굴절과 같은 여러 가지 현상들이 발견되었다. 편광은 빛이 서로 수직으로 놓인 두 개의 편광판을 통과하지 못하는 것을 통해 확인할 수 있다. 편광판은 한 쪽 방향으로 진동하는 빛만 통과시키기 때문에 첫 번째 편광판을 통과한 빛은 수직으로 놓인 두 번째 편광판을 통과할 수 없다. 편광은 빛이 입자여서는 일어날 수 없기 때문에 이는 빛이 파동이라는 증거라고 할 수 있었다.

방해석과 같이 방향에 따라 물리적 성질이 다른 물질에 입사한 빛이 두 갈래로 갈라져 나오는 복굴절 역시 빛이 파동일 때만 일어날 수 있는 현상이었다. 빛은 여러 방향으로 진동하는 파동으로 이루어져 있다. 그런데 방해석과 같은 물질에서는 빛이 진동하는 방향에 따라 굴절률이 다르다. 따라서 한 줄기 빛이 이런 물체를 통과하면 두 개의 빛으로 갈라져 나오게 된다.

빛이 파동이라는 것을 결정적으로 증명한 사람은 프랑스의 토목기사였던 오귀스탱 장 프레넬이었다. 군에 근무하면서도 빛에 관한 연구를 계속했던 프레넬은 1819년에 파동 이론을 이용하여 회절과 간섭을 설명한 논문을 제출했다. 이로서 빛이 입자의 흐름이라는 입자설 대신 빛이 파동이라는 파동설이 널리 받아들여지게 되었다.

그런데 파동은 매질을 통해 에너지가 전달되는 것이다. 따라서 빛이 파동이라면 우주 공간에는 빛을 전파시켜줄 매질이 가득 차 있어야 했다. 많은 사람들은 우주에 에테르라는 매질이 가득 차 있고, 빛은 이 에테르라는 매질을 통하여 전파된다고 생각했다. 그러나 실험을 통해 에테르를 찾아내지는 못하고 있었다. 따라서 빛이 파동이라는 것은 밝혀냈지만 빛이 어떤 파동인지는 정확하게 설명하지 못하고 있었다.

19세기에는 빛의 속력을 측정하는 실험에서도 많은 진전이 이루어졌다. 1600년대에는 뢰머가 목성의 위성 이오의 공전주기 변화를 이용하여 빛의 속력을 측정했고, 1700년대에는 브래들리가 광로차 현상을 이용하여 빛의 속력을 측정했다. 이 두 가지 방법은 모두 천체를 이용하는 방법이었다. 과학자들은 지상에서의 실험을 통해 빛의 속력을 측정하고 싶어 했다.

지상에서 한 실험을 통해 빛의 속력을 처음으로 측정한 사람은 프랑스의 아르망 피조였다. 피조는 1849년에 회전하는 톱니바퀴를 이용하여 지상에서 빛의 속력을 측정하는 데 성공했다. 피조는 회전하는 톱니바퀴의 골을 통과한 빛이 8.63킬로미터 떨어져 있는 고정된 거울에 반사되어 돌아오도록 했다. 톱니바퀴가 회전하면 골을 통과해 나간 빛이 거울에 반사되어 돌아왔을 때는

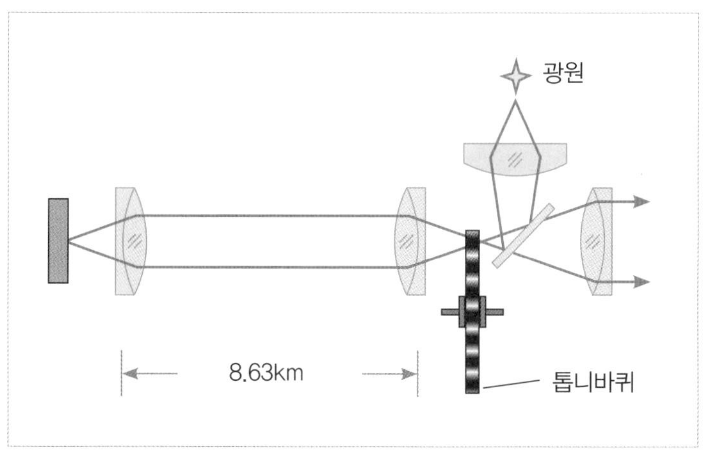

● 피조가 사용한 빛 속력 측정 장치를 나타내는 그림

톱니의 산에 부딪히게 된다. 따라서 톱니바퀴 뒤에서는 거울에 반사된 빛을 볼 수 없다. 그러나 회전 속도를 높이면 골을 통과해 나간 빛이 거울에 반사한 다음 골을 통과할 수 있기 때문에 보이게 된다. 이것은 톱니 하나가 지나가는 데 걸리는 시간이 빛이 거울을 왕복하는 시간과 같다는 것을 의미했다. 따라서 톱니바퀴의 회전 속도를 이용하여 톱니 하나가 지나가는 시간을 알아내 빛의 속력을 계산할 수 있었다.

피조가 톱니바퀴 방법을 통해 빛의 속력이 초속 31만 5000킬로미터라는 값을 얻은 것은 1849년 9월이었고, 그 결과를 프랑스 과학 아카데미에 보고한 것은 1850년 3월이었다. 피조가 그의 측정 결과를 보고하고 얼마 후에 피조와 가까운 사이였던 장 베르나르 푸코도 회전하는 거울을 이용하여 빛의 속력을 측정하는 데 성공한다. 따라서 맥스웰이 전자기학의 기초가 되는 맥스웰 방정식을 연구하고 있을 때는 빛이 파동이라는 것과 빛의 속력이 초속 30만 킬로미터에 가까운 값이라는 것이 알려져 있을 때였다.

전자기파의 발견

영국의 맥스웰은 자신이 정리한 맥스웰 방정식을 이용하여 이론적으로 계산한 전자기파의 속력이 그때까지 측정한 빛의 속력과 같다는 것을 알아내고 빛도 전자기파라고 주장했다. 그런데 그가 구한 빛의 속력은 전기력과 자기력의 세기를 계산하는 데 사용되는 유전율(ϵ_o, 엡실론이라고 읽음)과 투자율(μ_o, 뮤라고 읽음)을 이용하여 계산한 값이었다.

앞에서 중력은 두 물체의 질량의 곱에 비례하고, 거리 제곱에 반비례한다는 이야기를 했었다. 그러나 이것만으로는 중력에 세기를 계산할 수 없었다. 중력의 세기를 계산하기 위해서는 중력상수를 알아야 한다. 중력상수는 중력의 크기를 결정하는 상수로 우리 살고 있는 우주 공간의 성질을 나타내는 기본적인 상수이다. 만약 중력상수가 현재의 값보다 조금이라도 큰 값이나 작은 값이었다면 우주의 모습은 전혀 달라졌을 것이다. 우리가 살고 있는 공간은 아무 것도 없는 공간이 아니라 특정한 값의 중력상수로 나타내지는 공간이다.

중력상수와 마찬가지로 전기력의 크기를 결정하는 상수가 유전율이고, 자기력의 크기를 결정하는 상수가 투자율이다. 이 두 가지 상수 역시 우리가 살아가고 있는 우주 공간의 성질을 나타내는 기본적인 상수이다. 과학자들은 유전율과 투자율이 우주 공간을 가득 채우고 있는 에테르의 성질을 나타낸다고 믿었다. 빛의 속력은 유전율과 투자율을 곱한 다음 제곱근을 구하고, 다시 역수를 구한 값이다. 조금 복잡한 계산이기는 하지만 이것은 빛의 속력이 우리가 사는 공간에서는 항상 일정하다는 것을 의미했다.

맥스웰이 수학적 분석을 통해 예측한 전자기파의 존재를 실험을 통해 찾아낸 사람은 독일의 하인리히 헤르츠였다. 22살이던 1879년 무렵부터 전자기학과 관련된 실험 연구를 시작한 헤르츠는 1888년에 하나의 코일에 높은 진동수의 전기 스파크를 일으키면 이 회로와 분리되어 있는 다른 코일에도 전기 스파크가 생기는 현상을 관측했다. 그는 이 실험을 통해 전자기파를 발견했다. 헤르츠는 이 실험을 더욱 발전시켜 전자기파의 직진, 반사, 굴절, 편광과 같은 성질을 조사하고 전자기파의 속력을 측정하는 실험도 했다.

이를 통해 헤르츠는 전자기파가 맥스웰의 예측대로 빛과 똑같은 성질을 가진다는 것을 확인했고, 전자기파의 속력이 빛의 속력과 같다는 것도 확인했다. 우리가 현재 사용하는 텔레비전이나 스마트폰, 그리고 각종 리모컨들은 모두 전자기파로 작동하고 있다. 이러한 전자기파의 발견으로 인류 문명은 새로운 시대로 접어들게 된 것이다.

그러나 빛의 성질을 명확하게 규명하기 위해서는 해야할 일이 하나 더 남아 있었다. 그것은 전자기파를 전파시켜 주는 에테르라는 매질을 찾아내는 일이었다.

마이컬슨과 몰리의 실험

많은 물리학자들이 이론적 분석을 통해 에테르의 성질을 예측하기도 하고, 에테르를 발견하기 위한 실험을 하기도 했다. 그러나 에테르를 찾아내려는 노력은 실패를 거듭하고 있었다. 빛을 전달하는 에테르는 정말 있는 것일까? 있다면 어떻게 찾아낼 수 있을까? 미국의 알베르트 마이컬슨은 실험을 통해 에테르를 찾아내기로 마음먹었다.

미국 해군사관학교를 졸업하고 해군에 근무하는 동안에도 빛에 대한 연구를 계속했던 마이컬슨은 빛에 대한 연구에 전념하기

● 우주 공간이 에테르로 가득 차 있다면 빠르게 달리고 있는 지구 주위에는 에테르 바람이 불어야 하고, 이런 에테르 바람은 빛의 속력에 영향을 줄 것으로 생각했다.

위해 해군에서 제대한 후 시카고대학에서 광학 실험을 시작했다. 그는 25세가 되던 1878년에 정밀한 실험장치를 이용하여 빛의 속력이 초속 299,910킬로미터라는 것을 밝혀냈는데, 이는 그 전에 알고 있던 빛의 속력보다 훨씬 정확한 값이었다.

마이컬슨은 본격적으로 에테르를 찾아내기 위한 실험을 시작했다. 그는 만약 우주 공간이 에테르라는 매질로 가득 차 있다면 빠른 속력으로 은하 중심을 돌고 있는 태양계에서 다시 태양을 중심으로 빠른 속력으로 공전하고 있는 지구 주위에도 에테르의 바람이 불고 있어야 한다고 생각했다. 그리고 빛이 에테르를 통해 전달된다면 에테르의 바람이 빛의 속력에 영향을 줄 것이라고 생각했다.

마이컬슨은 지구가 달리고 있는 방향과 같은 방향으로 전파되고 있는 빛과, 지구가 달리고 있는 방향과 수직한 방향으로 달리고 있는 빛의 속력에 미치는 에테르 바람의 영향이 다를 것이라고 생각했다. 그렇다면 지구가 달리고 있는 방향으로 전파되는 빛과 지구가 달리는 방향과 반대 방향으로 전파되는 빛, 그리고 지구가 달리는 방향과 수직한 방향으로 전파되는 빛의 속력도 달라야 했다.

1880년 마이컬슨은 수직한 두 방향으로 달리는 빛의 속력을 비교할 수 있는 정밀한 간섭계를 고안했다. 이 간섭계를 마이컬슨 간섭계라고 부른다. 마이컬슨 간섭계에서는 광원에서 나온 빛이 빛 분리기에 의해 두 갈래로 갈라진 다음 직각을 이루는 두 방향으로 진행했다가 거울에 반사되어 돌아와 스크린에서 만나 간섭무늬를 만들도록 고안되었다.

그는 만약 두 방향으로 전파하는 빛의 속력이 다르다면 가운데 부분에 어두운 무늬가 나타나겠지만 두 방향으로 전파하는 빛의 속력이 같다면 밝은 무늬가 나타날 것이라 생각했다. 마이컬슨은 이 간섭계를 이용하여 많은 정밀한 실험을 했지만 수직한 방향으로 달리는 두 빛의 속력 차이를 찾아낼 수 없었다.

실험에 어려움을 느낀 마이컬슨은 정밀한 실험을 하는 것으로 널리 알려져 있던 화학자인 에드워드 몰리와 공동 연구를 시작했다. 그들은 실험 오차를 줄이기 위해 실험장치를 정밀하게 조립했고, 작은 흔들림에 의한 오차도 없애기 위해 실험장치 전체를 수은에 띄웠다. 그럼에도 불구하고 그들은 에테르 바람의 영향을 찾

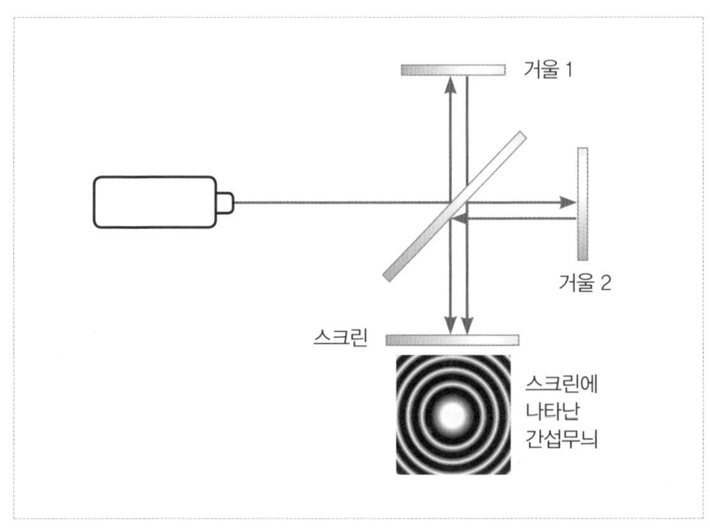

● 수직한 두 방향으로 갔다가 거울에 반사되어 돌아온 두 빛이 만들어내는 간섭무늬를 이용하여 두 방향의 빛의 속력을 비교해 보는 마이컬슨 간섭계

을 수 없었다.

그들은 함께 7년 동안 더욱 정밀한 실험을 한 후인 1887년에 빛의 속력에 영향을 주는 에테르 바람이 존재하지 않는다는 결론을 내렸다. 물리학자들은 이제 빛이 아무 것도 없는 공간인 진공을 통해 전달된다는 것을 받아들이지 않을 수 없게 되었다.

어떤 사람들은 에테르의 존재를 증명하지 못한 것은 지구가 달리면서 에테르를 끌고 가기 때문이라고 주장하기도 했다. 그렇게 되면 지구와 에테르가 같은 속력으로 달리게 되어 지구 주위에는 에테르 바람이 불지 않게 된다는 것이다. 그러나 그런 경우에는 멀리 있는 별에서 오는 빛에 에테르의 영향이 나타나야 했다.

별 중에는 서로의 중심을 돌고 있는 이중성이 있다. 이런 경우

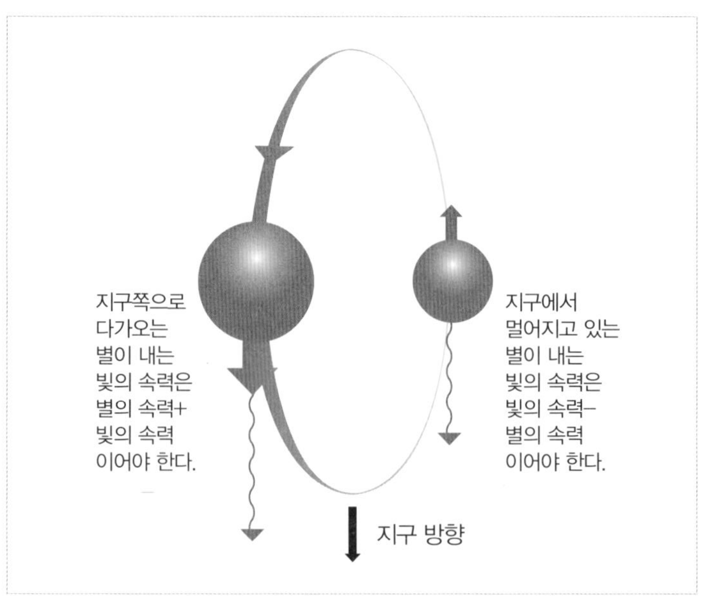
지구쪽으로
다가오는
별이 내는
빛의 속력은
별의 속력+
빛의 속력
이어야 한다.
지구에서
멀어지고 있는
별이 내는
빛의 속력은
빛의 속력-
별의 속력
이어야 한다.
지구 방향

● 이중성의 운동에서도 빛의 속력이 광원의 속력에 따라 변한다는 것을 발견할 수 없었다.

두 별 중의 하나가 우리 쪽으로 다가오고 있는 동안에는 다른 하나는 멀어지고 있어야 한다. 그리고 얼마 후에는 두 별의 운동 방향이 바뀔 것이다. 만약 다가오고 있는 별이 내는 빛은 더 빠르게 우리를 향해 날아오고, 멀어져 가는 별이 내는 빛은 느린 속력으로 우리를 향해 날아온다면 우리는 이중성의 운동을 매우 불규칙하게 측정해야 한다.

그러나 이중성의 관측에서 그런 현상이 관측된 적은 없었다. 그것은 빛의 속력이 별의 운동 방향에 관계없이 일정하다는 것을 나타내는 것이고, 동시에 우주 공간에 에테르라는 매질이 가득 차 있지 않다는 것을 의미하기도 했다. 마이컬슨과 몰리는 에테르를 발견하기 위해 실험을 시작했지만 결국 에테르를 발견하는 데 실패한 채 실험을 마무리했다. 마이컬슨은 이 실험으로 1907년 미국인 최초로 노벨 물리학상을 수상했다.

물리학에 나타난 불협화음

뉴턴역학에 의하면 달리는 기차 안에서 걷고 있는 사람의 속력을 길가에 서 있는 사람이 측정하면 기차의 속력과 그 사람의 속력을 합한 값으로 측정된다. 그것은 기차와 기차 안에서 걷고 있는 사람이 모두 길가에 서서 관측하는 사람에 대하여 달리고 있기 때문이다.

그러나 맥스웰 방정식에 나타난 빛의 속력이나 마이컬슨, 몰리 실험으로 증명된 빛의 속력은 빛을 내는 물체의 운동이나 관측자에 관계없이 공간에 대해 일정한 속력으로 운동하고 있다는 것을 나타내고 있었다. 이것을 소리와 비교하여 생각해보자.

공기 중을 전파하고 있는 소리의 속력은 공기라는 매질에 대한 속력이다. 따라서 측정하고 있는 사람을 향해 달려오면서 내는 소리나 멀어지면서 내는 소리의 속력이 모두 같은 속력으로 공기를 통해 전달된다. 소리를 내는 사람이 다가오고 있느냐 멀어지고 있느냐에 따라 진동수가 달라져 다가올 때는 높은 소리로 들리고 멀어질 때는 낮은 소리로 들리기는 하지만 속력이 달라지지는 않는다. 소리의 속력은 소리를 내는 물체에 대한 속력이 아니라 소리를 전파시켜 주는 공기라는 매질에 대한 속력이기 때문이다.

그런데 빛의 속력은 우리가 살고 있는 공간에 대한 속력이다.

따라서 광원이 다가오거나 멀어지는 것이 빛의 속력에 영향을 주지 않는다. 이것은 빛의 속력이 다른 물체의 속력과 똑같이 취급할 수 없다는 것을 의미했고, 뉴턴역학이 빛의 속력에는 적용되지 않는다는 것을 의미했다. 다시 말해 뉴턴역학으로는 맥스웰 방정식에 포함된 빛의 속력을 설명할 수 없었고, 마이컬슨과 몰리의 실험결과도 설명할 수 없었다. 이것은 전자기학, 광학, 그리고 역학이 서로 불협화음을 내기 시작했다는 것을 의미했다.

1687년 뉴턴역학이 등장한 이후 뉴턴역학은 우리 주변에서 일어나는 현상들과 천체운동을 설명하는 데서 큰 성공을 거뒀다. 물론 뉴턴역학으로 모든 문제가 다 설명된 것은 아니었지만 그것은 뉴턴역학의 문제가 아니라 뉴턴역학을 푸는 수학적 능력의 한계 때문이라고 생각하고 있었다. 따라서 수학적 계산 능력이 향상되면 모든 문제를 뉴턴역학으로 설명할 수 있을 것이라고 생각했다.

맥스웰이 유도한 전자기파 방정식에 포함되어 있는 빛의 속력을 뉴턴역학으로 설명할 수 없다는 것은 심각한 문제가 아닐 수 없었다. 많은 물리학자들이 이 문제를 해결하기 위한 여러 가지 방법을 제시했다. 뉴턴역학이 완전하다고 믿고 있던 대부분의 물리학자들이 제시한 방법은 뉴턴역학은 그대로 두고, 다른 방법으로 이 문제를 해결하려고 시도한 것이었다. 그러나 모든 문제들을 한꺼번에 해결할 수 있는 방법이 나타나지 않고 있었다.

1905년에 이 문제를 해결할 수 있는 전혀 다른 방법을 제안한 사람은 독일의 알베르트 아인슈타인이었다. 아인슈타인이 제안한 특수상대성이론은 뉴턴역학과 맥스웰 방정식, 그리고 빛의 속력 사이의 불협화음을 한꺼번에 해결하고 과학의 새로운 시대를 연 놀라운 이론이었다.

뉴턴역학에 의하면
광원이나 관측자의 속력에 따라 빛의 속력도 다르게 측정돼야 합니다.
그러나 전자기학에 의하면 빛의 속력은 광원이나 관측자에 대한
속력이 아니라 우리가 살고 있는 공간에 대한 속력입니다. 다시 말해 공간에서
빛의 속력은 일정해야 합니다. 그리고 마이컬슨의 실험결과는
빛이 에테르라는 매질을 통해 전파되는 것이 아니라 공간 자체를 통해
전파된다는 것을 나타내고 있습니다. 이 문제를 어떻게 해야
해결할 수 있을까요?

아인슈타인 이전에
상대성이론에 다가갔던 사람들

1800년대 말에 물리학자들은 빛의 속력이 지구의 운동에 영향을 받지 않는다는 것을 밝혀낸 마이컬슨과 몰리의 실험결과를 설명하기 위해 여러 가지 색다른 제안을 내놓았다. 그런 제안들 중에는 아일랜드의 조지 피츠제랄드와 네덜란드의 헨드릭 로렌츠가 내놓은 로렌츠-피츠제랄드 수축도 있었다.

아일랜드 더블린에 있는 트리니티칼리지의 자연 및 실험 철학 교수였던 조지 피츠제럴드는 1889년 학술잡지인 사이언스에 '에테르와 지구 대기'라는 제목의 편지를 보냈다. 이 편지에서 피츠제럴드는 지구가 운동하고 있는 방향으로 전파하는 빛의 속력과 수직한 방향으로 전파하는 빛의 속력이 같은 것은 에테르가 없기 때문이 아니라 에테르의 작용으로 운동 방향의 길이가 줄어들기 때문이라고 설명하고, 속력에 따라 길이가 얼마나 줄어드는지를 나타내는 식을 제안했다. 이렇게 운동하는 방향으로 길이가 줄어드는 것을 피츠제랄드의 수축이라고 한다.

그런데 얼마 후 피츠제랄드와 비슷한 생각을 가진 사람이 또 나타났다. 그는 네덜란드에서 태어나 네덜란드에 있는 레이던대학에서 공부한 후 레이던대학의 이론물리학 교수로 있던 헨드릭 로렌츠였다. 로렌츠는 원자가 내는 스펙트럼과 빛의 속력이 지구의 빠른 운동에 영향을 받지 않는다는 마이컬슨의 실험결과를 설명하는 데 관심이 많았다.

높은 온도에서 원자를 태울 때 원자의 종류에 따라 달라지는 선스펙트럼이 나온다는 것은 1860년대부터 널리 알려져 있었다. 1896년에 로렌츠의 제자였던 피터 제만이 원자를 자기장 안에서 태우면 하나의 선으로 보였던 빛이 여러 개로 갈라진다는 것을 발견했다. 로렌츠는 원자가 전기를 띤 알갱이들로 이루어졌다고 가정하여 이 현상을 이론적으로 설명했다. 당시는 전자나 양성자, 또는 원자핵이 발견되기 이전이어서 원자가 전기를 띤 알갱이로 이루어졌다는 것은 혁신적인 생각이었다. 로렌츠는 이로 인해 1902년 제자와 함께 노벨물리학상을 수상했다.

1892년 로렌츠는 지구의 빠른 운동이 빛의 속력에 영향을 주지 않는 것은 에테르가 흐르는 방향으로 물체가 수축하기 때문이라고 설명하고 물체의 수축 정도를 계산할 수 있는 식을 제안했다. 그가 얻은 결과는 피츠제랄드가 1889년에 얻었던 결과와 같은 것이었다. 따라서 사람들은 운동 방향으로 길이가 짧아지는 것을 로렌츠-피츠제랄드의 수축이라고도 부른다.

그러나 운동 방향으로 길이가 짧아지는 것만으로는 모든 것을 설명할 수 없다는 것을 알게 된 로렌츠는 1889년과 1904년에 운동하는 기준계에서는 시간도 천천히 가야 한다고 제안하고, 속력에 따라 시간이 어떻게 가야 하는지를 나타내는 식을 제안했다. 길이가 짧아지는 것을 나타내는 식과 시간이 느려지는 것을 나타내는 식을 합쳐 로렌츠 변환식이라고 부른다.

피츠제랄드와 로렌츠는 우주 공간을 채우고 있는 에테르라는 매질이 존재한다는 것을 전제로 하여 이 에테르의 미묘한 작용으로 속력에 따라 길이나 시간이 달라진다고 설명해 마이컬슨의 실험결과를 설명하려고 했다. 후에 아인슈타인은 에테르는 존재하지 않으며, 모든 관성계에서 상대성 원리가 성립돼야 하고, 모든 관성계에서 측정한 빛의 속력이 일정해야 한다는 원리로부터 로렌츠가 얻었던 것과 같은 식을 유도해 냈다. 아인슈타인이 제안한 특수상대성이론의 핵심이 되는 변환식을 로렌츠 변환식이라고 부르는 것은 이 때문이다.

피츠제랄드와 로렌츠는 아인슈타인 이전에 특수상대성이론에 아주 가까이 접근했던 사람들이었다. 그러나 그들은 빛의 속력에 영향을 주지 않는 에테르를 던져버리는 대신 그 안에서 문제를 해결하려고 노력했었다.

빛이 지구의 운동 방향과
관계없이 항상 일정한 것은 운동 방향의 길이가
짧아지기 때문입니다. 길이는 항상 일정한 것이
아니라 에테르의 미묘한 작용으로 짧아질 수 있습니다.
나는 길이가 얼마나 짧아지면 빛의 속력이
항상 일정하게 되는지도 알아냈어요.

피츠제랄드

운동하는 방향으로 길이가 짧아지면
운동에 관계없이 빛의 속력이 일정하게
측정될 수 있습니다. 그러나 그것만으로는 부족합니다.
운동하는 물체의 시계는 에테르에 고정되어 있는
시계보다 천천히 가야합니다. 나는 길이가 얼마나
짧아지는지를 나타내는 식뿐만 아니라 시간이 얼마나
느리게 가야하는지를 나타내는 식도 알아냈어요.

로렌츠

4장

아인슈타인의 생애

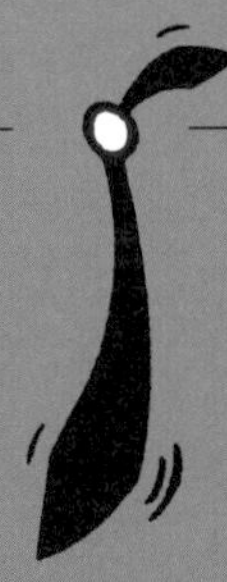

아인슈타인은
어떤 사람이었을까?

아인슈타인의 기적의 해

과학의 역사에는 두 번의 기적의 해가 있다. 한 번은 뉴턴이 고향인 울즈소프에서 운동법칙과 중력법칙, 그리고 미적분법을 생각해낸 1666년이고, 다른 하나는 아인슈타인이 과학의 역사를 바꾸어 놓은 세 편의 논문을 발표한 1905년이다. 이 해를 기적의 해라고 부르는 것은 보통 사람으로는 불가능하다고 생각되는 일을 뉴턴이나 아인슈타인이 짧은 기간 동안에 해냈기 때문이다.

1905년에 아인슈타인은 스위스 베른에 있는 특허사무소에서 서기로 일하고 있었다. 취리히에 있는 스위스 연방 공과대학에서 물리학을 공부하고 졸업한 후에 1년 동안 취직을 준비하던 아인슈타인이 베른 특허사무소의 3급 검사관으로 취직한 것은 그가 23살이던 1902년 6월이었다. 다행히 특허사무소의 일은 많지 않아 하루 3시간 정도면 일을 마치고 자신의 공부를 마음대로 할 수 있었다.

1902년부터 1904년까지 특허사무소에 근무하면서 혼자서 물리학 공부를 계속하던 아인슈타인은 이 기간 동안 네 편의 논문을 발표했다. 이 논문들은 물리학 학술지에 실릴 정도의 전문성을 갖추기는 했지만 뛰어난 논문이라고 할 수는 없었다. 1904년까지 아인슈타인은 평범한 수많은 연구자들 중 한 사람일 뿐이었다.

그러나 1905년 한 해 동안에 그는 과학의 흐름을 바꾸어 놓는 네 편의 논문을 발표한다. 이 중 두 편은 특수상대성이론과 관련된 논문이어서 흔히들 아인슈타인이 기적의 해에 세 편의 논문을 발표했다고 말한다. UN은 아인슈타인 주요 논문 발표 100주년을 기념하기 위해 2005년을 세계 물리학의 해로 선포하고 각종 행사를 개최했다. 우리나라에서도 물리학회와 국회가 이 해를 물리의 해로 선포했었다.

1905년에 아인슈타인이 최초로 발표한 논문은 3월 18일 <물리학 연대기>에 제출되어 6월 9일 출판된 광전효과를 설명한 논문이었다. 이 논문은 금속에 전자기파를 비췄을 때 금속에서 광전자가 튀어나오는 현상을 빛이 파동이 아니라 알갱이라고 가정하여 성공적으로 설명한 논문이었다. 이로 인해 빛은 파동의 성질과 입자의 성질을 모두 가지고 있다는 것이 밝혀졌다. 아인슈타인은 원자보다 작은 세계에서 일어나는 일들을 다루는 양자역학의 기초가 된 이 논문으로 인해 1921년 노벨물리학상을 받았다.

1905년에 아인슈타인이 발표한 두 번째 논문은 5월 11일에 제출되어 7월 18일에 출판된 <물리학 연대기>에 게재된 브라운 운동을 설명한 논문이었다. 브라운 운동이란 꽃가루를 물에 띄웠을 때 꽃가루가 무작위한 운동을 계속하는 것을 말한다. 처음에는 꽃가루가 가지고 있는 생명의 힘으로 인한 운동이 아닐까 생각했지만 꽃가루뿐만 아니라 미세한 분말이 모두 이런 운동을 한다는 것이 밝혀졌다.

아인슈타인은 열운동을 하고 있는 액체 분자들이 사방에서 불규칙하게 꽃가루나 분말 입자들에 충돌하고 있기 때문에 브라운 운동이 일어난다고 설명하고, 브라운 운동을 관찰하여 액체 분자의 크기와 운동에너지를 계산할 수 있는 식을 제안했다. 이것은 오랫동안 분자나 원자가 실제로 존재하느냐 아니면 물리현상을 설명하기 위한 가설에 지나지 않느냐 하는 논쟁을 마무리 지은 중요한 논문이었다.

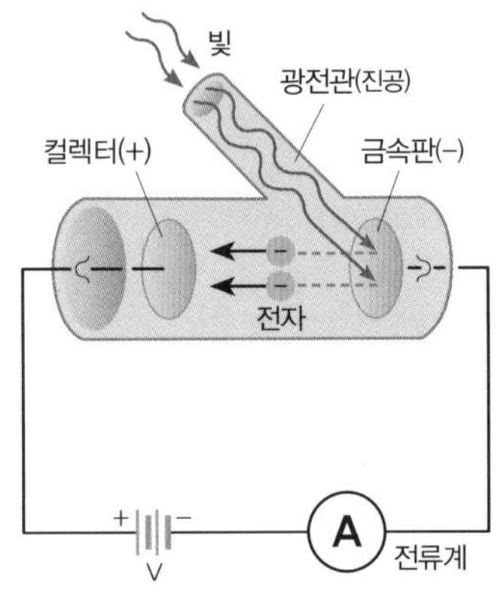

● 아인슈타인은 금속에 빛을 비추었을 때 광전자가 튀어나오는 현상을 빛이 파동이 아니라 입자라고 가정하여 설명했다.

● 아인슈타인은 액체 위에 떠있는 미세한 입자가 끝없이 무작위한 운동을 계속하는 브라운 운동을 열운동하는 분자들의 충돌로 설명했다.

아인슈타인의 기적의 해에 발표된 세 번째 논문은 6월 30일 제출되어 9월 26일에 출판된 <물리학 연대기>에 실린 '움직이는 물체의 전기역학에 대하여'라는 제목의 논문이었다. 이 논문은 빛의 속력에 가까울 정도로 빠르게 달리고 있는 물체에 적용되는 뉴턴역학을 수정하여 맥스웰 방정식과 역학법칙의 모순을 해결한 논문이었다. 이 논문에 실린 내용을 후에 특수상대성이론이라고 부르게 되었다.

이 해 9월 27일 제출되어 11월 21일 <물리학 연대기>에 출판된 '물체의 관성이 에너지에 의존하는가?'라는 제목의 네 번째 논문에서 아인슈타인은 에너지와 질량을 환산하는 $E=mc^2$(E:에너지, m:질량, C:빛의 속도)이라는 식을 제안했다. 이것은 앞서 발표한 특수상대성이론의 여러 가지 결과 중 하나이지만 특수상대성이론 자체보다도 더 널리 알려진 식이 되었다. 따라서 사람들 중에는 이 식을 아인슈타인의 특수상대성이론이라고 알고 있는 사람들도 많다.

아인슈타인이 그의 기적의 해라고 불리는 1905년에 발표한 이 논문들은 현대과학을 탄생시키는 기반이 되었다. 대학에서 물리학을 공부한 후 대학원에 진학하지 않고 특허사무소에서 일하면서 틈틈이 물리학을 공부하고 있던 아인슈타인은 어떻게 이런 논문을 한꺼번에 발표할 수 있었을까? 아인슈타인은 어떤 사람이었을까?

고등학교를 중퇴한 아인슈타인

알베르트 아인슈타인은 1879년에 독일 남부에 있는 울름이라는 도시에서 유대인이었던 헤르만과 파울리네 아인슈타인 부부의 장남으로 태어났다. 비교적 부유한 집안에서 자라 좋은 교육을 받은 어머니는 모든 열정을 아들에게 쏟았다. 아인슈타인은 어려서 말이 더뎌 가족을 불안하게 했다. 그러나 어머니는 몇 시간이고 말을 듣지 않는 아들을 달래가며 바이올린을 가르쳤다.

아인슈타인의 동생 마야는 후에 오빠가 어려서 수학을 잘못했다고 기억했지만 아인슈타인의 성적은 어머니를 만족시킬 만큼 좋았다. 어머니는 아들이 좋은 성적 받은 것을 주위 사람들에게 자랑하기도 했다. 아인슈타인은 어려서부터 전기 기술자였던 삼촌과 정기적으로 집을 방문했던 의대 학생이 준 많은 책들을 읽었다. 이때 읽은 과학과 철학에 관한 책들은 후에 아인슈타인이 위대한 과학자가 되는 데 밑거름이 되었다.

1894년에 아인슈타인의 부모님은 여동생을 데리고 전기회사를 시작하기 위해 이탈리아로 이주했다. 당시 15살이던 아인슈타인은 고등학교에 다니기 위해 독일 뮌헨에 있는 친척집에 남아 있었다. 그러나 아인슈타인은 군대와 같은 강압적인 교육을 하고 있던 독일 고등학교 교육제도를 무척 싫어했다.

학교를 싫어했던 아인슈타인은 선생님들에게 자주 대들었고, 이로 인해 선생님들로부터 야단을 많이 맞았다. 도저히 더 학교에 다닐 마음이 없었던 아인슈타인은 학교를 자퇴하고, 일방적으로 충성만을 강요하던 독일 국적도 포기한 채 부모님이 있던 이탈리아로 갔다. 16살까지 국적을 포기하지 않으면 독일 군대에 가야 했던 것도 독일 국적을 포기한 이유 중에 하나였을 것이다. 그러나 후에 스위스 군대에 가야 되는 스위스 시민권을 취득한 것을 보면 군대를 싫어했던 것이 아니라, 강압적인 독일 군대를 싫어했다는 것을 알 수 있다.

● 14살 때의 아인슈타인

이탈리아에 있던 부모님을 찾아간 아인슈타인은 아버지와 삼촌이 운영하고 있던 전기회사 일을 돕겠다고 했다. 그러나 자녀 교육에 많은 관심을 가지고 있던 아인슈타인의 부모님은 아인슈타인이 계속 공부하기를 원했다. 부모님들의 권유를 받아들인 아인슈타인은 고등학교 졸업장이 없어도 시험만 합격하면 대학에 진학할 수 있는 스위스로 가서 대학에 다니기로 했다.

스위스로 간 아인슈타인은 16살이던 1895년 10월에 취리히에 있는 연방공과대학 입학시험을 보았다. 이 시험에서 아인슈타인은 수학과 물리학에서는 좋은 성적을 받았지만 라틴어, 동물학, 식물학 등에서는 좋은 점수를 받지 못했다. 수학과 물리학에서의 성적을 좋게 평가했던 교수들은 아인슈타인에게 아라우에 있는 주립 고등학교에 다닌 후 다시 대학에 오도록 권유했다. 아인슈타인은 교수들의 권유를 받아들여 취리히 근처에 있는 작은 마을인 아라우에 있던 고등학교를 1년 동안 다녔다.

아라우 고등학교

아라우 고등학교에서 아인슈타인은 독일 고등학교와는 전혀 다른 교육을 경험할 수 있었다. 19세기 말에 있었던 사회 개혁운동의 영향을 받은 학교였던 아라우 고등학교는 어학 교육보다는 수학과 같은 실용적인 분야의 교육을 강조했다. 아인슈타인은 아라우 고등학교의 자유로운 분위기 속에서 매우 만족스러운 학창 시절을 보낼 수 있었다.

아라우 고등학교에 다니는 동안 아인슈타인은 고전 선생님이었던 요스트 빈털리 선생님 집에서 하숙을 했는데, 매우 진보적인 성향을 가지고 있던 빈털리 선생님의 가족들은 서로에게 책을 읽어주면서 토론을 벌이기도 했다. 아인슈타인도 자유롭게 빈털리 가족과 어울려 자신의 의견을 이야기하기도 했다.

이런 자유로운 분위기를 좋아했던 아인슈타인은 학교 성적도 좋아 1896년 가을에 치른 학기말 시험에서 좋은 성적을 받았다. 여기에서도 수학과 과학 성적은 매우 좋았지만 어학에서는 어려움을 겪었다. 그러나 그것이 큰 문제가 되지는 않았다.

아라우 고등학교에서의 경험은 후에 아인슈타인의 과학 연구에 큰 영향을 주었다. 아인슈타인은 자유롭게 많은 생각을 할 수 있었던 아라우 고등학교 시절에 물체가 빛과 같은 속도로 달리면 어떤 현상이 나타날 것인가에 대해 많은 생각을 했다. 빛의 속력이 얼굴이나 거울과 같은 물체에 대한 속력이라면 빛의 속력으로 달리고 있는 기차 안에서 거울을 들고 얼굴을 본다면 어떻게 될까?

아인슈타인은 기차와 함께 얼굴이나 거울도 빛의 속력으로 달리고 있으므로 얼굴을 떠난 빛이 거울에 도달할 수 없을 것이라고 생각했다. 따라서 빛으로 달리고 있는 기차에서는 자신의 얼굴을 거울에 비춰볼 수 없어야 했다. 이것은 상대성이론과 관련된 아인슈타인 최초의 사고실험이었다.

그의 사고실험 결과는 갈릴레이가 제시한 상대성 원리에 어긋나는 것이었다. 상대성 원리에 의하면 일정한 속력으로 달리는 사람은 실험을 통해 자신이 달리고 있는지 서 있는지 알 수 없어야 한다. 그러나 아인슈타인의 사고실험은 거울을 가지고 실험을 하면 자신이 빛의 속력으로 달리고 있다는 것을 알 수 있다는 것을 나타내고 있었다. 아인슈타인은 10여 년 동안 이 문제에 대해서 생각을 계속한 끝에 1905년 특수상대성이론을 만들어내게 된다. 결국 그의 상대성이론은 스위스 아라우에서의 자유로운 교육 환경에서 시작된 것이라고 할 수 있다.

빛의 속력도
측정하는 사람에 따라 달라진다면 어떻게 될까 하고
생각해 보았어요. 그렇게 되면 빛의 속력으로 달리는
우주선 안에서는 거울로 얼굴을 볼 수 없을 거예요.
빛이 거울에 도달하지 못할 테니까요. 그건 상대성 원리에
어긋나는 일입니다. 따라서 상대성 원리가 성립하려면
빛의 속력이 누구에게나 일정해야
합니다.

스위스 연방공과대학

아라우 고등학교를 졸업한 아인슈타인은 1896년 10월 취리히에 있는 연방 공과대학 물리교육과에 입학했다. 그의 반 학생들은 모두 10명이었다. 대학에 다니는 동안 아인슈타인은 수학보다는 물리학 과목을 더 좋아했다. 2학년까지 그의 성적은 매우 좋아 10명의 학생들 중 수석을 차지했다.

그러나 3학년이 되면서부터 성적이 떨어지기 시작했다. 강의에 출석하는 대신 혼자서 물리학 책을 읽으면서 공부하는 일이 자주 있었다. 그는 실습 과목에서 낙제 점수를 받기도 했다. 학과장이었던 베너 교수는 "아인슈타인, 너는 아주 똑똑하지만 누구의 말도 들으려 하지 않는 단점이 있어"라며 그를 나무라기도 했다.

3학년 이후 아인슈타인의 성적이 떨어진 데는 학교에서 하는 강의보다는 자신이 좋아하는 내용만을 공부했기 때문이기도 했다. 또한 그즈음 자신보다 네 살 많았던 동급생 밀레바 마리치와 사귀기 시작하면서 공부하는 시간이 줄어든 탓이기도 했다. 아인슈타인은 후에 밀레바 마리치와 결혼한다.

1901년 대학을 졸업한 아인슈타인은 취리히 공과대학이나 다른 대학의 물리학 조교로 취직하기 위해 많은 교수들에게 편지를 보내고 접촉했지만 모두 거절당했다. 아인슈타인은 베버 교수가 자신을 나쁘게 평가했기 때문에 물리학 관련 직책을 얻지 못했다고 불평했다. 그것이 사실일 가능성도 있지만 확실하지는 않다. 아인슈타인의 취직을 위해 아버지도 나섰지만 성공하지 못했다.

대학에서 자리를 얻기가 쉽지 않다는 것을 알게 된 아인슈타인은 중고등학교 교사 자리를 알아보기도 했지만 겨우 임시 교사직을 얻는 데 그쳤다. 보험회사에도 자리를 알아보았지만 이도 만만치 않았다. 1년 가까이 취직을 할 수 없었던 아인슈타인은 할 수 없이 공과대학 동창이었던 마르셀 그로스만에게 취직을 부탁했고, 그로스만의 아버지 도움으로 베른 특허사무소에 취직할 수 있었다.

아인슈타인의 기적의 해 이후

1902년 베른의 특허사무소에 취직한 아인슈타인은 1903년 1월에 밀레바와 결혼했다. 베른 특허사무소에 다니는 동안 아인슈타인은 젊은 물리학자 두 사람과 자주 대화를 나누면서 의견을 교환했는데, 이들은 자신들을 '올림피아 아카데미'라고 불렀다. 아인슈타인이 과학의 흐름을 바꾼 세 편의 논문을 연이어 발표한 기적의 해인 1905년을 맞이한 것은 베른의 특허사무소에서였다.

아인슈타인은 군사적이고 강압적이며 권위적인 교육을 싫어했고 자유로운 분위기 속에서 스스로 공부하는 것을 좋아했다. 그런 아인슈타인이 특허사무소의 여유로운 환경 속에서 아무런 제약 없이 공부하며 연구할 수 있었던 것이 아인슈타인의 기적의 해를 가능하게 했을 것이란 예상은 자연스럽게 할 수 있다. 과학의 역사를 공부하는 학자들 중에는 만약 아인슈타인이 대학원에 진학했거나 물리학과 관련된 직업을 가지고 있었다면 절대적 권위를 가지고 있던 뉴턴역학이 틀렸다는 대담한 생각을 할 수 없었을 것이라고 주장하는 사람들도 있다.

1905년 아인슈타인이 연이어 세 편의 논문을 발표한 후 많은 물리학자들이 아인슈타인에게 관심을 가지기 시작했다. 처음 아인슈타인에게 편지를 보낸 사람은 당시 물리학계를 대표한다고 할 수 있었던 독일의 막스 플랑크였다. 광전효과를 설명할 수 있도록 한 기초 이론을 제안해 모든 사람들이 인정하는 학자였던 플랑크는 아직 초보자에 불과했던 아인슈타인을 뛰어난 물리학자로 대해주었다.

플랑크 외에도 많은 과학자들이 편지를 보내거나 그의 논문을 평가한 논문들을 학술지에 게재했다. 오래지 않아 아인슈타인은

물리학계의 유명 인사가 되었다. 그를 만나기 위해 베른을 방문하는 사람들도 많아졌다. 아인슈타인을 방문한 사람들은 대부분 매우 유명한 과학자들이었다.

그러나 아인슈타인은 1908년까지 베른의 특허사무소에 근무했다. 당시 유럽 대학의 교수 채용 절차가 느린 때문이기도 했지만 특허사무소의 월급이 대학 교수의 월급보다 많은 때문이기도 했다. 아인슈타인이 취리히 공과대학의 이론물리학 교수로 간 것은 1909년이었다. 그러나 2년 뒤인 1911년에는 정교수직과 더 많은 월급을 제시한 프라하에 있는 대학으로 자리를 옮겼다.

1911년에는 벨기에의 화학자 겸 사업가였던 솔베이가 기부한 기금으로 개최되는 첫 번째 솔베이회가 브뤼셀에서 개최되었다. 24명의 대표적 물리학자들이 참석한 이 회의 참석자들 중 32살이었던 아인슈타인은 최연소였지만 마무리 강연을 할 정도로 특급 대우를 받았고, 많은 유명한 물리학자들과 사귈 수 있었다. 이제 아인슈타인은 명실상부한 최고의 물리학자로 인정받게 되었다.

그러자 스위스 연방공과대학은 아인슈타인에게 물리학과 정교수직을 제안했다. 아인슈타인은 연구 조교직을 거절당한 지 12년 만인 1912년에 정교수가 되어 다시 취리히 연방공과대학으로 돌아왔다. 그러나 취리히 연방공과대학에 머문 기간은 그리 길지 않았다.

다시 독일로 돌아온 아인슈타인

독일의 뛰어난 물리학자 막스 플랑크와 화학자 발터 네른스트가 취리히에 있던 아인슈타인을 방문한 것은 1913년 여름이었다. 이들은 아인슈타인을 베를린으로 모셔 가기 위해 아인슈타인을 찾아왔다. 플랑크와 네른스트는 아인슈타인에게 프로이센 과학 아카데미의 최연소 회원, 베를린대학의 교수직, 곧 세워질 아인슈타인 연구소 소장직을 제안했다. 강의를 하지 않아도 되는 베를린대학의 교수직은 다른 교수들은 생각도 할 수 없는 파격적인 제안이었다. 그리고 그에게는 독일 교수들 중 가장 많은 월급을 주겠다고 했다.

이런 제안을 직접 가지고 온 사람들은 아인슈타인이 가장 존경하던 당시 최고의 물리학자들이었다. 파격적인 제안을 받은 아인슈타인은 크게 마음이 끌렸지만 쉽게 결정할 수 없었다. 그 제안을 받아들이는 것은 그가 국적을 포기했던 나라로 다시 돌아가는 것을 의미했기 때문이었다. 그는 하룻 동안 생각할 시간을 달라고 요청했다.

아인슈타인은 다음날 두 사람을 기차역에서 만나기로 했다. 그때 아인슈타인은 흰 꽃을 달고 있으면 거절을 의미하고, 붉은 꽃을 달고 있으면 베를린으로 가기로 결정한 것을 의미하는 것으로 약속을 정했다. 다음날 기차역에 나타난 아인슈타인은 붉은 꽃을 달고 있었다. 이렇게 해서 1914년 아인슈타인은 그가 버렸던 독일의 수도 베를린으로 되돌아갔다. 아인슈타인은 1932년 독일을 떠나 미국으로 갈 때까지 18년 동안 독일에서 활동했다.

독일에 머무는 동안 아인슈타인은 왕성한 연구 활동을 통해 많은 논문을 발표했지만 가장 중요한 업적은 1915년 11월에 발표한 일반상대성이론이었다. 1905년에 발표한 특수상대성이론이 일정한 속력으로 달리고 있는 서로 다른 관성계에서 물리법칙과 물리량이 어떻게 달라지는지를 설명한 이론이라면, 1915년에 발표한 일반상대성이론은 가속도를 가지고 달리고 있는 기준계에서의 물리량과 물리법칙을 다룬 논문이었다.

● 1921년 당시 아인슈타인의 모습

특히 일반상대성이론은 원격작용을 이용하여 중력을 설명하는 뉴턴의 중력법칙 대신 휘어진 시공간을 이용하여 중력을 설명하는 새로운 중력 이론이었다. 1919년에는 영국의 아서 에딩턴이 이끄는 일식 관측 팀이 아인슈타인의 일반상대성이론이 옳다는 것을 증명했다. 이로 인해 아인슈타인은 과학계뿐만 아니라 일반인들에게도 널리 알려진 국제적인 저명인사가 되었다.

1921년에 아인슈타인은 노벨물리학상을 수상했다. 노벨상 심사위원회는 아직 더 확실한 증명이 필요하다고 생각했던 상대성이론보다는 충분한 증명이 이루어진 광전효과를 그의 노벨상 수상 업적으로 선정했다. 그 후 아인슈타인에게는 강연 요청과 방문 요청이 쇄도했다. 아인슈타인은 여러 차례 미국을 방문해 많은 강연을 했고, 찰리 채플린과 같은 연예인을 비롯한 유명 인사들과 교류했다. 그리고 아시아 여러 나라를 방문하기도 했다.

그러나 이 기간 동안 아인슈타인 개인적으로는 불행한 일도 있었다. 1903년 결혼했던 밀레바와 1919년 이혼하고, 이모의 딸이었으며 동시에 아버지 사촌의 딸이기도 했던 3살 연상의 이혼녀 엘자 아인슈타인 뢰벤탈과 재혼했다. 엘자와의 결혼생활은 1936년 엘자가 죽을 때까지 계속되었다. 아인슈타인은 밀레바와 사이에서 두 아들을 두고 있었다.

그리고 아인슈타인의 연구 인생에도 어려움이 있었다. 광전효과를 설명하고 빛의 이중성을 밝혀내 양자역학의 기초를 마련하는 일에 크게 공헌했던 아인슈타인은 1927년 보어를 주축으로 한 젊은 학자들이 제안한 양자역학을 반대하기 시작했다. 아인슈타인은 양자역학에서 원자보다 작은 세계에서 일어나는 일들을 확률적으로 해석하는 것은 우리가 아직 원자의 세계를 충분히 이해하지 못하고 있기 때문이라고 주장했다. 따라서 아인슈타인은 양자역학으로 원자보다 작은 세계의 일들을 설명하는 데 성공한 주류의 물리학자들로부터 멀어지게 되었다.

아인슈타인은 정치적으로도 어려움을 겪게 되었다. 히틀러가 주도하는 나치당이 독일 정치권력의 전면에 등장했기 때문이었다. 많은 사람들이 히틀러가 정권을 잡게 되면 독재국가가 될 것이라는 것을 알고 있었고, 아인슈타인도 그런 사람들 중 한 사람이었다. 평화 운동과 반전 운동을 계속하고 있던 아인슈타인에게 히틀러의 등장은 큰 위협이 되었다. 아인슈타인은 히틀러의 나치당이 권력의 중심에 다가가기 시작한 1931년부터 독일을 떠날 준비를 하기 시작했다.

양자역학은 틀림없이 매우 인상적입니다.
그러나 나의 내부에서 들려오는 목소리는 양자역학이
아직 사실이 아니라고 이야기하고 있습니다.
양자역학은 많은 것을 이야기하고 있습니다.
그러나 양자역학은 우리를 신의 비밀에 조금도 더 다가갈 수 있도록
하지 못했습니다. 나는 신이 주사위 놀이를 하고 있지 않다고
확신합니다.

1932년 미국을 여행하고 있던 아인슈타인에게 프린스턴에 새로 세워질 고등학술연구소로 초청하겠다는 제안이 들어왔다. 1929년에 뉴저지 주에 있던 밤베르거 백화점의 소유주였던 루이스 밤베르거와 그의 누이동생 펠릭스 홀드는 백화점을 메이시 백화점에 팔고 그 자금으로 고등학술연구소를 설립하기로 했다. 이 연구소는 세계 최고의 학자들을 초빙하여 연구에만 매진할 수 있도록 하는 것을 목표로 설립되었다. 아인슈타인은 이 연구소의 설립 목적에 가장 잘 맞는 과학자였다. 아인슈타인은 이 제안을 받아들이기로 했다. 1932년 12월 12일 아인슈타인과 그의 부인 엘자는 18년 동안의 독일 생활을 청산하고 미국으로 향했다. 1933년 1월 30일 히틀러가 독일 총독에 취임하기 7주 전이었다.

통일장 이론

미국 프린스턴대학 구내에 세워진 고등학술연구소에 정착한 아인슈타인은 통일장 연구에 전념하기 시작했다. 통일장 이론은 질량 사이에 작용하는 중력과 전하 사이에 작용하는 전자기력을 통일적으로 설명하기 위한 이론이었다. 그러나 아인슈타인의 연구는 생각처럼 잘 진척되지 못했다. 미국에 정착한 이후 아인슈타인은 베를린에서처럼 많은 연구 성과를 내지 못했다.

이에 대해 일부 연구자들은 아인슈타인이 양자역학을 반대하고 주류의 물리학자들과 멀어진 것이 그 원인이라고 주장했다. 그러나 또 다른 연구자들은 아인슈타인이 통일장이라는 소화하기에 너무 어려운 주제에 집중했기 때문이라고 설명하고 있다. 양자역학에서는 중력과 전자기력 외에도 강한 핵력과 약한 핵력이 있다는 것을 밝혀냈지만 양자역학을 반대했던 아인슈타인은 강한 핵력과 약한 핵력에 관심을 보이지 않고 중력과 전자기력을 통합하는 일에만 매달렸다.

양자역학을 기초로 하여 힘의 통합을 연구하는 사람들은 우선 전자기력과 약한 핵력을 통합하는 데 성공했고, 현재는 여기에 강한 핵력을 통합하는 연구를 하고 있다. 물리학자들은 언젠가 중력까지도 통합하는 대통일 이론이 나올 것을 기대하고 있다. 그러나 중력을 다른 힘들과 통합하는 일은 가장 어려운 일일 것으로 생각하고 있다. 아인슈타인은 가장 어려운 일인 중력과 전자기력을 통합하는 일을 시작했던 것이다.

나의 흔적을 남기지 마라

미국에 정착한 후 아인슈타인은 한 번도 유럽에 다녀가지 않았다. 1936년에 신장과 순환계 장애로 고생하던 아인슈타인의 두 번째 부인 엘자가 세상을 떠났다. 1937년에는 아인슈타인의 큰 아들 한스 아인슈타인이 가족과 함께 미국으로 건너와 캘리포니아에 정착했고, 1939년에는 동생 마야도 이탈리아에서 미국으로 와 아인슈타인과 합류했다. 마야는 1951년 세상을 떠났다. 둘째 아들 에두아르드 아인슈타인은 유럽에서 정신병원에 입원했다가 세상을 떠났다.

아인슈타인은 1948년에 복부 동맥류 수술을 받았다. 1950년에는 다시 복부 동맥류가 악화되었다. 그 해 그는 묘비도, 기념비도, 묘지도, 순례자들의 여행지가 될 수 있는 어떤 것도 남기지 말아달라는 유언을 남겼다. 그는 죽음은 모든 것으로부터의 해방을 의미하기 때문에 순례자들로부터 평온을 빼앗기고 싶지 않다고 했다.

1955년 4월 13일 76세 생일을 넘긴 아인슈타인은 가슴에 심한 통증을 느끼며 이스라엘 독립 축하 연설을 취소하고 병원에 입원했다. 그는 통증을 완화시키는 진통제 사용과 수술을 거부했다. 아인슈타인은 1955년 4월 18일 새벽 1시에 세상을 떠났다. 수십 명만이 참석한 조촐한 장례식 후 그의 시신은 화장되어 알려지지 않은 곳에 뿌려졌다. 그의 유골을 뿌린 장소를 아는 사람들도 이제는 모두 세상을 떠나 아인슈타인의 흔적은 완전히 지워졌다. 그러나 그가 남긴 과학적 유산은 영원히 사라지지 않을 것이다.

5장

특수상대성이론

빠르게 달리면
세상은
어떻게 달라질까?

누구의 측정값이 옳은 것일까?

우주 개발 계획을 총 지휘하고 있는 우주 총국에서는 연일 비상회의가 열리고 있었다. 새로 우주 식민지를 건설하기로 되어 있는 HDI 237 행성의 크기를 정확하게 결정하기 위한 회의였다. 우주 총국에서는 이 행성을 자세하게 측정하기 위해 탐사대를 보냈다. 탐사대는 이 행성에 착륙하여 행성의 크기를 직접 측정했다. 이 탐사대가 측정한 이 행성의 반지름은 4250킬로미터였다. 물론 이 길이를 전부 측정한 것은 아니었으며 일정한 거리를 측정한 다음 기하학을 이용하여 전체 길이를 계산해냈다.

탐사대 대장은 우주 총국 회의에서 이 행성의 정확한 크기를 알아내기 위해 얼마나 정밀한 측정 방법을 사용했는지를 자세하게 설명했다. 과학자들은 탐사대가 사용한 측정 방법과 계산 과정을 검토했지만 아무런 잘못을 발견할 수 없었다. 따라서 탐사대가 측정한 이 행성의 반지름을 공식적인 이 행성의 크기로 정해야 한다고 생각했다.

그런데 우주선을 타고 달리면서 최신 관측기술을 이용하여 이 행성의 지름을 관측한 또 다른 탐사대의 관측 결과가 문제였다. 그들은 빛 속력의 60%나 되는 빠른 속력(0.6*c*)으로 달리면서 이 행성의 반지름을 측정하고, 이 행성의 반지름이 3400킬로미터라고 보고한 것이다. 4250킬로미타와 3400킬로미터는 측정 오차라고 보기에는 너무 차이가 컸다.

과학자들은 우주선을 타고 달리면서 행성의 반지름을 측정하는 데 사용한 방법도 자세하게 검토했다. 그러나 그들은 여기에서도 아무런 잘못을 발견할 수 없었다. 따라서 우주선에서 측정한 이 행성의 반지름을 이 행싱의 공식적인 반지름으로 정해야 한다고 주장하는 과학자들이 나타났다.

만약 이 행성의 크기가 4250킬로미터라면 이곳에 우주 식민지를 건설하는 것이 좋겠지만, 3400킬로미터라면 이 행성은 우주 식민지를 건설하기에는 너무 작았다. 따라서 행성의 실제 반지름을 결정하는 것은 매우 중요한 문제였다. 전 세계에서 유명한 과학자들이 모두 모여서 이 문제를 의논했지만 해결 방법이 나타나지 않았다.

이 행성에 착륙하여 측정한 행성의 반지름이 이 행성의 실제 반지름이라고 주장하는 과학자들은 "길이를 정확하게 측정하기 위해서는 측정하고자 하는 물체와 상대적으로 정지한 상태에서 측정해야 정확한 값을 알 수 있습니다. 따라서 우주선을 타고 달리면서 측정한 값은 인정할 수 없습니다"라고 주장했다.

그러나 우주선이 측정한 반지름을 행성의 공식적인 반지름으로 정해야 한다고 주장하는 과학자들도 쉽사리 물러서지 않았다.

"우주선을 타고 보면 행성의 전체 모습을 훨씬 잘 볼 수 있습니다. 그리고 우주선에서 사용한 측정 방법에는 아무런 잘못도 없습니다. 따라서 행성의 일부를 측정하여 계산한 측정값보다는 우주선에서 측정한 반지름을 이 행성의 공식적인 반지름으로 정해야 합니다."

두 그룹의 과학자들은 좀처럼 자신들의 주장을 굽히려 하지 않았다. 그때 한국의 젊은 과학자 한석 박사가 나섰다. 두 가지 측정 방법과 양쪽 과학자들의 의견을 충분히 검토한 한석 박사는 두 가지 측정 결과를 모두 공식적인 이 행성의 반지름으로 받아들여야 한다고 주장했다.

"두 가지 관측 방법에 아무런 잘못이 없다면 두 가지 관측 결과를 모두 정확한 값으로 받아들여야 합니다. 우리가 이런 논쟁을 하게 된 것은 물체의 길이는 측정하는 사람과 상대속력에 관계없이 항상 같아야 한다고 생각하고 있었기 때문입니다. 다시 말해 행성에 착륙하여 측정한 행성의 반지름과 우주선을 타고 달리면서 측정한 행성의 반지름이 같아야 한다고 생각했기 때문입니다. 왜 두 가지 값이 같아야 하지요? 측정 결과는 두 가지 값이 다르게 나왔습니다. 그렇다면 두 가지 값이 다르다는 것을 사실로 인정해야 합니다."

한석 박사의 주장은 놀라운 것이었다. 어떤 상태에서 측정하든 길이가 항상 같아야 한다는 것은 모두가 알고 있는 상식이었다. 그러나 꼭 그래야 할 법칙이 있는 것은 아니었다. 두 탐사대는 다른 측정 결과를 내놓았다. 그들의 측정 방법에는 아무런 잘못도 없었다. 따라서 측정하는 사람과 물체의 상대속력에 따라 길이가 달라진다는 것을 인정하자는 것이었다. 한석 박사의 주장을 선뜻 받아들이기는 어려웠지만 그의 주장을 반박할 수도 없었다.

한석 박사의 등장으로 문제는 더욱 복잡해졌다. 두 가지 주장에서 세 가지 주장으로 늘어났기 때문이었다. 그렇다면 누구의 주장을 받아들여야 할까?

상대성 원리와 광속 불변의 원리

갈릴레이가 『두 우주 체계에 대한 비교』에서 설명한 상대성 원리는 모든 관성계에서는 같은 물리법칙이 성립한다는 것이다. 상대성 원리에서는 물리법칙에 대해서만 이야기했을 뿐 길이, 시간, 질량과 같은 물리량에 대해서는 아무런 이야기를 하지 않았다. 그것은 이런 물리량은 누가 측정하든 항상 같을 것이라고 생각했기 때문이었다. 그러나 속력은 측정하는 사람의 상대속력에 따라 다르게 측정된다. 이에 대해 과학자들은 빛의 속력도 마찬가지라고 생각했다. 따라서 빠른 속력으로 달리고 있는 사람이 들고 있는 플래시 불빛의 속력과 서 있는 사람이 들고 있는 플래시 불빛의 속력이 다를 것이라고 생각했다.

맥스웰은 빛이 우주 공간을 가득 채우고 있는 에테르라는 매질에 대해 일정한 속력으로 달리고 있다고 생각했다. 하지만 빛을 전파시키는 매질인 에테르를 찾아내려고 했던 마이컬슨의 정밀한 실험은 에테르가 존재하지 않는다는 것을 밝혀냈다. 빛은 에테르라는 매질이 아니라 공간 자체를 통해 전파되는 파동임을 밝혀낸 것이다. 따라서 빛의 속력은 우주 공간에 대한 속력이어야 했다. 이것은 뉴턴역학과 다른 결과였다.

많은 사람들은 뉴턴역학은 그대로 둔 채 다른 방법으로 이 문제를 해결하려고 노력했다. 그러나 베른 특허사무소에서 일하며 혼자서 틈틈이 물리학을 공부하고 있던 아인슈타인은 과감하게 뉴턴역학을 수정하기로 했다. 절대로 틀릴 리가 없다고 생각했던 뉴턴역학이 틀렸다고 말하는 것은 용기를 필요로 하는 일이었다.

그러나 기존의 권위를 그다지 중요하게 생각하지 않았던 아인슈타인은 용감하게 뉴턴역학에 도전했다.

아인슈타인은 에테르가 존재하지 않는다는 것을 받아들이고, 모든 관성계에서 물리법칙과 물리량이 같다고 하는 대신 물리법칙과 빛의 속력이 같다는 것에서 출발하는 새로운 역학을 제안했다.

[모든 관성계에서]

1. 같은 물리법칙이 성립한다(상대성 원리).

2. 모든 관측자가 측정한 빛의 속력이 같다(광속 불변의 원리).

아인슈타인은 모든 관성계에서 측정한 빛의 속력이 같기 위해서는 길이, 시간, 질량과 같은 물리량이 측정하는 사람과 물체 사이의 상대속력에 따라 달라져야 한다고 생각했다. 모든 관성계에서 측정한 물리량이 같아야 한다는 것은 실험을 통해 증명된 사실이 아니라 우리의 선입견이라고 생각한 것이다.

아인슈타인은 상대성 원리와 광속 불변의 원리를 증명하기 위해 서로 다른 관성계에서 측정한 길이, 시간, 질량이 상대속력에 따라 어떻게 달라져야 하는지를 계산할 수 있는 식을 제안했다. 이것이 바로 특수상대성이론이다.

모든 관성계에서
같은 물리법칙이 성립하고 길이, 시간, 질량 같은
물리량이 같지만 빛의 속력은 다를 수 있으며,
빛보다 빨리 달리는 것도 가능하다.

갈릴레이

모든 관성계에서
같은 물리법칙이 성립하고 빛의 속력은 같지만
길이, 시간, 질량 같은 물리량은 다르다.
빛보다 빨리 달리는 것은 가능하지 않다.

아인슈타인

특수상대성이론은 빛을 기준으로 하여 역학을 새롭게 고쳐 쓰자는 이론이다. 빛은 우리 주변에 있는 수없이 많은 대상물 중 하나가 아니라, 우주 공간의 기본적인 성질을 나타내는 것이라고 본 것이다. 따라서 이 빛을 바탕으로 하여 물리학을 다시 쓰기로 한 것이 특수상대성이론이다.

우주를 영어로는 Universe라고 부른다. 이 말의 뜻에는 우주가 하나라는 의미가 포함되어 있다. 우리 우주 밖에 다른 우주가 있는지 알 수 없다. 물리학자들 중에는 우리가 살아가고 있는 우주 외에도 수없이 많은 우주들이 있을 것이라고 주장하는 사람들이 있다. 그런 우주를 다중우주라고 부르고 영어로는 Multiverse라고 한다. 아직 다중우주에 대한 실험적 증거는 아무 것도 없다. 따라서 다중우주에 대한 모든 주장들은 아직 증명되지 않은 가설 수준에 머물러 있다.

그러나 만약 다중우주가 있다면 우리 우주와 다른 우주의 차이점은 무엇일까? 만약 우리 우주와 다른 우주가 발견되었는데 그 우주에서의 빛의 속력이 우리 우주에서의 빛의 속력과 같다면 그 우주에서는 우리 우주에서와 같은 일들이 일어나고 있을 가능성이 크다. 그러나 새롭게 발견된 우주에서의 빛의 속력이 우리 우주에서의 빛의 속력과 다르다면 그 우주에서는 틀림없이 우리 우주에서와는 전혀 다른 일들이 일어나고 있을 것이다. 빛의 속력이 다르다는 것은 그 우주에서의 유전율과 투자율이 다르다는 뜻이고, 유전율과 투자율이 다르면 전기력과 자기력의 세기가 달라져 원자나 분자의 구성과 화학 반응이 모두 달라질 것이기 때문이다. 따라서 새로운 우주가 발견될 경우 가장 먼저 알아보아야 할 것은 그 우주에서의 빛의 속력이 얼마인가 하는 점이다. 우리가 존재할 수 있는 것은 우리가 살고 있는 우주에서의 빛의 속력이 생명체가 존재하기에 적당한 초속 30만 킬로미터이기 때문이다. 다른 우주를 여행하게 되는 일이 생기면 우리가 어떤 우주에서 왔는지를 소개하기 위해 명함에 우리 우주의 빛의 속력을 적어 놓는 것이 좋을 것이다.

로렌츠 변환식

V라는 상대속력으로 달리고 있는 두 다른 관성계에서 측정한 물리량들 사이의 관계를 나타내는 식이 로렌츠 변환식이다. 특수상대성이론은 서로 다른 관성계에서 같은 물리법칙이 성립해야 한다는 상대성 원리와, 누구에게나 빛의 속력은 일정해야 한다는 광속불변의 원리가 성립하기 위해서 상대속력에 따라 물리량들이 어떻게 달라져야 하는지를 다루는 이론이다. 따라서 한 관성계에서 측정한 물리량을 다른 관성계에서 측정한 물리량으로 환산할 수 있는 로렌츠 변환식이 특수상대성이론의 핵심이라고 할 수 있다.

로렌츠 변환식은 고등학교에서 배우는 수학을 이해할 수 있으면 직접 유도할 수도 있는 식이다. 계산 과정이 약간 복잡하기는 해도 어려운 수학이 필요한 것은 아니다. 그러나 중학교 과정의 학생들이 이 식을 직접 유도해 내는 것은 쉽지 않을 것이다. 따라서 중학생이 이 책을 읽고 있다면 고등학교나 대학에서 한 번 도전해 볼 과제로 남겨 놓는 것도 좋을 것이다. 뉴턴은 새로운 의문이나 해결해야 할 문제가 생기면 질문 노트에 정리해 놓고 그 문제가 해결된 후에야 질문 노트에서 그 문제를 지웠다고 한다. 아인슈타인 역시 고등학교 때부터 상대성이론에 대한 사고실험을 했고, 그 문제를 10년 넘게 집중적으로 생각한 끝에 상대성이론을 만들어냈다.

로렌츠 변환식은 한 관성계에서 측정한 좌표와 시간을 다른 관성계에서 측정한 좌표와 시간으로 변환시키는 식이다. 여기서는 자세한 계산은 생략하고 로렌츠 변환식을 어떤 방법으로 구하는지, 그리고 그 결과가 어떻게 되는지만 설명하려고 한다. 하나의 관성계는 $0xyz$좌표계로 나타내고, 이 좌표계에 대해 x방향으로 V의 속력으로 달리고 있는 다른 관성계를 $0'x'y'z'$라고 나타내기로 하자.

달리고 있는 관성계가 좌측으로부터 달려와 두 관성계가 겹쳐지는 순간 원점에서 빛이 나와 사방으로 퍼져나가기 시작했다고 가정하자. $0xyz$좌표계에 있는 관측자나 $0'x'y'z'$좌표계에 있는 관측자는 모두 이 빛이 같은 속력 c로 퍼져나가는 것을 관측할 것이다. 이 경우 두 좌표계에서 빛이 일정한 시간 동안 달려간 거리가 어떤 식으로 나타내질까?

여기서 다시 생각해 보아야 할 것은 시간에 대한 우리의 상식이다. 우리는 시간은 누구에게나 똑같이 흘러간다고 생각하고 있다. 그러나 특수상대성이론에서는 시간도 상대속력에 따라 다르게 측정된다. 시간이 누구에게나 일정하게 흘러간다면 모든 관성계에서 빛의 속력이 같아질 수 없다. 특수상대성이론에서는 모든 관성계에서 빛의 속력이 같도록 하기 위해 우리의 상식과는 달리 시간도 상대속력에 따라 달라져야 한다.

$0xyz$좌표계의 원점에서 출발한 빛이 t초 후에 (x, y, z)에 가 있었다면 어떤 식이 성립할까? 원점에서부터 (x, y, z)점까지 거리의 제곱은 피타고라스 정리에 의해 $x^2+y^2+z^2$이 된다. 그리고 이 거리는 빛이 t초 동안 달려간 거리이므로 ct가 되어야 한다(c: 빛의 속도). 따라서 $x^2+y^2+z^2=c^2t^2$이라는 식을 얻을 수 있다. 이 빛을 $0'x'y'z'$좌표계에서 측정한 좌표, $(x'y'z')$와 시간 t'를 이용하여 나타내면 $x'^2+y'^2+z'^2=c^2t'^2$이 된다. (x, y, z, t)와 (x', y', z', t')

은 빛이 도달해 있는 점을 서로 다른 두 좌표계에서 측정한 좌표이다.

$0xyz$ 좌표계 $x^2+y^2+z^2=c^2t^2$

$0'x'y'z'$ 좌표계 $x'^2+y'^2+z'^2=c^2t'^2$

두 좌표계에서 측정한 값이 같은 형태의 식으로 나타내진 것은 두 좌표계에서 같은 물리법칙이 성립한다는 것을 나타내고, 두 식에 포함된 빛의 속력이 모두 c인 것은 두 좌표계에서 측정한 빛의 속력이 같다는 것을 나타낸다. 따라서 이 두 식은 상대성 원리와 광속 불변의 원리가 모두 적용되어 있는 식이다.

그렇다면 (x, y, z, t)와 (x', y', z', t') 사이에는 어떤 관계가 있을까? (x, y, z, t)와 (x', y', z', t') 사이의 관계를 나타내는 식이 바로 로렌츠 변환식이다. 유도 과정은 생략하고 결과만 쓰면 다음과 같다.

$$x'=\frac{1}{\sqrt{1-V^2/c^2}}(x-Vt),\ \ y'=y,\ \ z'=z,\ \ t'=\frac{1}{\sqrt{1-V^2/c^2}}(t-Vx/c^2)$$

이 식은 $0xyz$관성계에서 측정한 좌표와 시간을 $0'x'y'z'$ 관성계에서 측정한 좌표와 시간으로 환산하는 식이다. 많은 물리학 책에서는 $\frac{1}{\sqrt{1-V^2/c^2}}$ 를 그리스 문자 γ(감마라고 읽는다)로 나타낸다. 복잡한 식을 반복해 쓰는 것보다 간단한 문자로 나타내면 편리하기 때문이다. γ를 이용하여 로렌츠 변환식을 다시 쓰면 다음과 같다.

$$x' = \gamma(x - Vt),\quad y' = y,\quad z' = z,\quad t' = \gamma(t - Vx/c^2)$$

로렌츠 변환식에는 $0'x'y'z'$ 관성계에서 측정한 좌표와 시간을 $0xyz$ 관성계에서 측정한 좌표와 시간으로 환산하는 식도 있다.

$$x = \gamma(x' + Vt'),\quad y = y',\quad z = z',\quad t = \gamma(t' + Vx'/c^2)$$

이 식은 앞에서 이야기한 로렌츠 변환식과 V 앞의 부호만 다를 뿐 똑같은 식이다. $0xyz$ 관성계에서 볼 때는 $0'x'y'z'$ 관성계가 V의 속력으로 플러스 방향으로 달리고 있는 것처럼 보이지만, $0'x'y'z'$ 관성계에서 볼 때는 $0xyz$ 좌표계가 마이너스 방향으로 V의 속력으로 달리고 있는 것처럼 보이기 때문이다.

과학 이야기를 하면서 수학 공식을 사용하면 어렵게 느껴진다. 따라서 이 책에서도 가능하면 수학 공식을 사용하지 않으려고 한다. 그러나 특수상대성이론을 이야기할 때는 그 반대이다. 그냥 말로만 설명해서는 특수상대성이론을 이해하는 것이 쉽지 않다. 그러나 로렌츠 변환식을 이용하면 속력, 시간, 길이가 상대속력에 따라 어떻게 달라지는지를 정확하게 이해할 수 있다.

두 다른 관성계에서 측정한 좌표와 시간 사이의 관계를 나타내는 로렌츠 변환식을 알았다면, 이제 남은 문제는 로렌츠 변환식을 이용하여 길이, 시간, 그리고 질량이 상대속력에 따라 어떻게 달라지는지, 그리고 질량과 에너지 사이에 어떤 관계가 있는지 알아보는 것뿐이다.

로렌츠 변환식의 의미

로렌츠 변환식은 상대속력이 x방향으로 V인 두 다른 관성계에서 측정한 x좌표와 시간 t가 다르다는 것을 의미한다. 즉, 행성 위에 있는 사람이 행성 위에서 일어나는 일들을 관측할 때와 우주선을 타고 달리면서 행성 위에서 일어나는 일들을 관측할 때 x좌표는 물론 시간까지도 다르게 관측이 된다는 것이다.

뉴턴역학에서는 행성에서 관측하는, 우주선에서 관측하든 x좌표와 시간이 모두 같을 것이라고 생각했고, 만약 다르다면 측정이 잘못되었을 것이라고 생각했다. 그리고 측정에 아무 잘못이 없다면 행성 위에서 측정한 값이 정확한 값이고, 우주선을 타고 달리면서 측정한 값은 달리는 행동이 영향을 주어 다른 결과가 나왔을 것이라고 생각했다.

그러나 아인슈타인의 특수상대성이론에서는 행성 위에서 측정한 x좌표와 시간 t는 행성 위에 서 있는 사람에게 올바른 값이고, 우주선을 타고 달리면서 측정한 값은 우주선을 타고 달리는 사람에게 올바른 값이라고 설명한다. 다시 말해 서로 다른 관성계에서는 길이와 시간이 달라지고, 그것은 그 관성계에서 올바른 값이라는 것이다.

사람들 중에는 행성 위에서 측정할 때와 우주선을 타고 달리면서 측정할 때 서로 다른 값이 나오는 것은 실제로 달라지는 것이 아니라 달라지는 것처럼 보이는 것이 아니냐고 묻는 이들도 있다. 철학자들 중에는 우리가 관찰하는 것은 진리가 아니라 진리의 그림자일 뿐이라고 설명한 사람도 있었다. 따라서 진리를 알아내기 위해서는 관찰이나 실험을 하지 말고 논리적으로 생각해야 한다고 주장했다. 그런 생각을 가진 사람들에게는 행성 위에서 측정한 값이나 우주선을 타고 달리면서 측정한 값이나 모두 올바른 값이 아니므로 어느 것이 올바른 값이냐를 따질 필요가 없을 것이다.

그러나 17세기 이후 많은 철학자들과 과학자들은 우리가 관측하는 것이 자연의 참모습이라고 생각하기 시작했다. 다시 말해 우리가 관찰하는 것 이외의 또 다른 진리는 없다는 것이다. 특히 17세기에 뉴턴역학이 등장한 후 크게 발달한 근대과학에서는 실험을 통해 확인된 것만을 사실로 인정했다. 다시 말해 관측된 것이 사실이라는 것이다. 따라서 '달라져 보인다'라는 말과 '달라진다'가 같은 의미를 가지게 되었고, '짧게 측정된다'라는 말과 '짧아진다'라는 말이 같은 의미가 되었다.

물체가 달리는 것도 아니고
내가 달리는데 물체의 길이가 달라지고
시간이 다르게 간다는 게 말이 돼?
그렇게 보이는 거겠지.

짧아져 보인다는 것이
바로 짧아지는 거야. 우리가 관측하고 있는 게
세상의 참 모습이라니까!
내가 너무 철학적인 이야기를 했나?

서로 다른 속력으로 달리면서 보는 세상의 모습이 다르게 보인다는 것은 상대속력이 다르면 세상이 실제로 달라진다는 것을 의미한다. 속력에 영향을 받지 않을 정도로 아주 성능이 좋은 카메라를 이용해도 서서 찍은 사진과 달리면서 찍은 사진에 나타난 물체들의 모양이 다르다면 세상의 모습이 사진을 찍는 사람의 속력에 따라 달라진다는 의미가 된다. 행성 위에 서있는 사람에게는 그가 찍은 사진의 풍경이 실제 세상의 모습이고, 우주선을 타고 달리는 사람에게는 우주선에서 찍은 풍경이 실제 세상의 모습이다.

그러나 지상에서 찍은 설악산의 모습과 비행기를 타고 달리면서 찍은 설악산의 모습이 다르다는 것을 느낀 사람은 없을 것이다. 그것은 비행기의 속력이 빛의 속력에 비해 아주 느리기 때문이다. 빛의 속력으로 달리면 1초 동안에 대략 지구를 일곱 바퀴 반을 돌 수 있다. 이런 빛의 속력과 비교하면 아무리 빠른 비행기도 느림보나 마찬가지가 된다.

이렇게 느린 속력에서는 로렌츠 변환식에 포함되어 있는 $\sqrt{1-V^2/c^2}$ 이 1에 가까워진다. 따라서 1을 이 식으로 나눈 값인 γ의 값도 1에 가까워진다. 이런 경우 로렌츠 변환식은 다음과 같이 바꿔 쓸 수 있다.

$$x' = x - Vt, \quad y' = y, \quad z' = z, \quad t' = t$$

이것은 뉴턴역학에서 성립하는 식이다. 따라서 특수상대성이론은 현재 속력이 빛의 속력보다 느린 경우에는 뉴턴역학과 같아진다. 다시 말해 γ의 값이 1에 가까워지면 특수상대성이론은 뉴턴역학으로 다가간다.

상대속력이 빛 속력의 10%(0.1c)이면 γ값이 약 1.005가 된다. 이것은 태평양을 1초도 안 되는 시간에 건널 수 있는 빠른 속력이지만 γ값이 1에 아주 가까운 값이어서 아직 특수상대성이론의 효과는 미미하다. 상대속력이 빛 속력의 20%(0.2c)가 되더라도 γ값이 1.0206이 되어 1에 아주 가까운 값이다.

그러나 상대속력이 빛 속력의 60%(0.6c)가 되면 값이 1.25가 되고, 상대속력이 빛 속력의 80%(0.8c)가 되면 값이 1.6667이 되어 특수상대성이론의 영향이 크게 나타난다. 따라서 빛 속력의 60%나 되는 빠른 속력으로 달릴 수 있는 우주선이 개발된다면 그런 우주선을 타고 보는 세상의 모습은 서서 보는 세상의 모습과 크게 다를 것이다.

아인슈타인이 특수상대성이론을 만들던 1905년에는 특수상대성이론을 시험해 볼 수 있을 정도로 빠르게 달리는 물체가 없었다. 따라서 직접 실험을 통해 특수상대성이론을 증명해 볼 수는 없었다. 그러나 1900년대 후반 세계 곳곳에 건설된 입자 가속기 안에서는 전자나 양성자와 같은 입자들이 빛 속력의 90%보다 더 빠른 속력으로 달리고 있다. 이런 입자들의 운동을 측정하면 그 결과가 로렌츠 변환식을 이용하여 계산한 결과와 일치한다. 따라서 빛 속력에 비해 느린 속력만 경험하여 알게 된 우리 상식으로는 이해하기 어렵더라도 특수상대성이론을 받아들이지 않을 수 없게 되었다.

빛의 속력이 느린
세상에서는
어떤 일이 일어날까?

우리는 빛의 속력이 초속 30만 킬로미터인 우주에 살고 있다. 따라서 우리 우주에서 특수상대성이론 효과를 체험하기 위해서는 1초 동안에 지구를 한 바퀴는 돌 수 있는 정도로 빠르게 달려야 한다. 그러나 만약 빛의 속력이 시속 3000킬로미터밖에 안 되는 우주에 살고 있다면 어떤 일이 벌어질까? 이런 세상에서는 비행기만 타고 달려도 특수상대성이론 효과가 실제로 느낄 수 있을 정도로 크게 나타날 것이다. 그렇게 되면 비행기에서 내려다 본 도시의 모습이 지상에서 보던 모습과 많이 다르게 보일 것이다.

만약 빛 속력이 이보다 훨씬 느린 시속 500킬로미터밖에 안 되는 우주에 살고 있다면 어떻게 될까? 이런 우주에서는 시속 100킬로미터로 달리는 자동차를 타고 달리기만 해도 특수상대성이론 효과가 우리가 느낄 수 있을 정도로 크게 나타날 것이다. 자동차가 출발하여 속력이 빨라짐에 따라 주변 건물의 높이는 그대로이면서 폭이 줄어들어 위태롭게 서 있는 건물로 보일 것이다.

그리고 길 가에 서 있는 사람은 자동차의 속력이 빨라짐에 따라 자동차의 앞 뒤 길이가 짧아지는 것을 볼 것이다. 이 자동차가 신호등 앞에서 멈추기 위해 속력을 줄이면 자동차의 길이가 다시 늘어날 것이다. 속력에 따라 자동차의 길이가 늘어나거나 줄어드는 것에 익숙한 이 우주의 사람들은 자동차의 길이가 속력에 따라 달라지는 것을 당연하게 생각할 것이다. 이 우주에서는 오히려 자동차가 서 있을 때와 달리고 있을 때 길이가 항상 같다는 것을 이해할 수 없을 것이다.

● 빛의 속력이 느린 우주에서는 달리던 자동차가 멈추기 위해 속력을 줄이면 자동차의 길이가 늘어나는 것을 볼 수 있을 것이다.

이런 세상에서는 서 있는 자동차의 길이와 달리는 자동차의 길이가 항상 같은 세상에서는 어떤 일이 일어날지를 설명하는 과학 책이 나와야 할 것이다. 그런 세상에 살고 있는 학생들은 서 있는 자동차의 길이가 달리고 있을 때의 자동차의 길이와 같다는 설명을 이해할 수 없어서 과학은 너무 어렵다고 불평할 것이다.

6장

시간지연과 길이의 수축

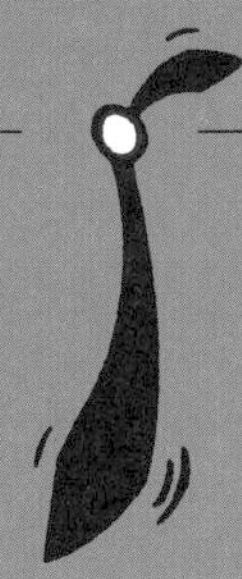

시간은 정말
절대적인 것일까?

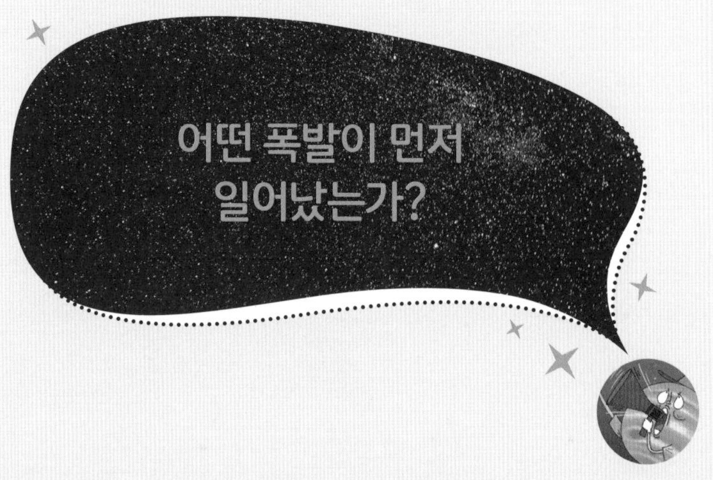

어떤 폭발이 먼저 일어났는가?

HDI 237 행성의 반지름 문제는 결국 한국의 한석 박사의 의견대로 행성에 착륙하여 측정한 탐사대와 우주선을 타고 측정한 탐사대의 측정 결과를 모두 공식적인 반지름으로 인정하기로 하고 대신 어떤 상태에서 측정했는지를 명시하기로 했다. 그리고 이 행성에 식민지를 건설하기로 했다. 이 행성에 건설될 식민지에서 살아갈 사람들에게는 행성에 착륙하여 측정한 반지름이 실제 반지름이 된다.

반지름 문제가 해결되어 이 행성에 식민지를 건설하는 작업이 한창 진행되고 있을 때 두 곳에서 커다란 폭발 사고가 일어났다. 우주 총국에서는 과학자들로 조사단을 구성해 이 폭발 사고의 경위를 조사하도록 했다. 우주 총국에서 보낸 조사단은 HDI 237 행성에 가서 많은 사람들을 만나 증언을 들었다. 그런데 이번에도 서로 다른 조사 결과가 나왔다.

행성에서 공사를 하고 있던 사람들은 모두 두 곳의 폭발 사건이 동시에 일어나는 것을 목격했다고 증언했다. 몇몇 사람만 그렇게 이야기한 것이 아니라 행성에 있는 모든 사람들이 동시에 두 폭발이 일어났다고 증언했으므로 조사단은 두 폭발이 동시에 일어난 것으로 결론지으려고 했다.

그런데 이 행성을 빠른 속력으로 돌고 있던 인공위성에서 찍은 동영상에는 앞쪽에서 먼저 폭발이 일어나고 후에 뒤쪽에서 폭발이 일어나는 것이 선명하게 찍혀 있었다. 행성에서 일하던 사람들의 이야기를 듣고 두 폭발이 동시에 일어났다고 결론지으려던 조사단은 이 동영상을 보자 생각이 달라졌다. 사람들의 말보다는 동영상이 더 정확할 것이라고 주장하는 사람이 나타났던 것이다.

조사단은 사람들의 증언을 검토하고 동영상을 자세하게 분석했지만 도저히 결론을 내릴 수 없었다. 조사단의 보고를 들은 우주 총국에서는 이번에도 과학자들에게 이 문제를 해결하도록 했다. 과학자들의 의견은 다시 두 가지로 나누어졌다.

"멀리서 행성을 빠른 속력으로 돌고 있던 우주선에서 찍은 동영상보다는 가까이에서 두 곳의 폭발을 지켜본 사람들의 이야기가 더 믿을 수 있습니다. 한두 사람도 아니고 많은 사람이 두 곳에서 동시에 폭발하는 것을 보고 들었으니 두 곳의 폭발이 동시에 일어난 것이 확실합니다."

"사람들의 기억은 그다지 믿을 만한 것이 못됩니다. 한 사람이 잘못 보고 들은 것은 여러 사람들도 잘못 보고 들을 수 있습니다. 많은 사람이 보고 들었다고 무조건 그것이 옳다는 것은 설득력이 없습니다. 그러나 동영상은 절대로 거짓말을 하지 않습니다. 동영상에 이렇게 선명하게 찍혀 있는데 다른 증거가 왜 필요합니까? 앞쪽에서 먼저 폭발이 일어난 것이 확실합니다."

두 그룹의 과학자들은 절대로 양보할 것 같지 않았다. 그들의 주장은 모두 나름대로 설득력이 있었으므로 우주 총국에서는 아무런 결정도 내릴 수 없었다. 이때도 역시 한국의 한석 박사가 나섰다. 한석 박사는 이 행성의 반지름 문제의 경우와 같이 이번에도 두 그룹의 관측 결과를 모두 옳은 것으로 인정해야 한다고 설명했다.

"사람들은 시간은 누구에게나 일정하게 흘러간다고 생각하고 있습니다. 그러나 시간도 길이와 마찬가지로 측정하는 사람의 상대속력에 따라 달라지는 물리량 중의 하나입니다. 따라서 행성에서 일하고 있던 사람들과 빠른 속력으로 이 행성을 돌고 있던 우주선 카메라로 찍은 동영상이 두 곳의 폭발 사고가 일어난 시간을 다르게 기록한 것은 당연한 일입니다. 행성에 있는 사람들에게는 두 폭발 사건이 일어난 시각이 같은 것이 맞고, 우주선에 있는 사람들에게는 두 폭발 사건이 일어난 시간이 다른 것이 맞습니다."

사람들은 시간도 측정하는 사람의 상대속력에 따라 달라진다는 말을 쉽게 이해할 수 없었다. 하지만 행성에서 일하던 사람들이 관측한 결과와 우주선에서 카메라로 관측한 결과는 모두 의심할 수 없는 사실이었으므로 한석 박사의 주장을 받아들이지 않을 수 없었다.

측정하는 사람의 상대속력에 따라 시간도 정말 달라지는 것일까?

속력 더하기

서로 다른 관성계에서 관측한 물리량들이 어떻게 달라지는지 알아보는 데는 많은 사람들의 증언이나 카메라가 찍은 동영상보다 로렌츠 변환식을 이용하는 것이 더 확실한 방법이다. 로렌츠 변환식을 이용하면 서로 다른 관성계에서 측정한 속력들 사이에 어떤 관계가 있는지, 길이와 시간 그리고 질량이 상대속력에 따라 어떻게 달라지는지, 에너지와 질량 사이에 어떤 관계가 있는지를 모두 알 수 있다.

그런데 문제가 되는 것은 로렌츠 변환식을 이용하여 이런 것을 알아보기 위해서는 약간 복잡한 수학적 계산이 필요하다는 것이다. 이 책에서는 아주 간단한 계산만 다루고 복잡한 계산은 직접 계산을 생략하고 어떤 계산을 통해 어떤 결과가 나왔는지, 그리고 그 결과가 의미하는 것이 무엇인지에 대해서만 이야기하려고 한다.

특수상대성이론에서 속력 더하기가 어떻게 되는지 알아보기 전에 우선 뉴턴역학에서의 속력 더하기부터 복습해 보자. 뉴턴역학에서는 V의 속력으로 달리고 있는 기차 위에서 v'의 속력으로 걷고 있는 사람의 속력을 길가에 서 있는 사람이 측정하면 $v=V+v'$가 된다고 했던 것을 기억하고 있을 것이다. 예를 들어 시속 100킬로미터로 달리고 있는 기차 안에서 시속 5킬로미터의 속력으로 걷고 있는 사람의 속력을 길가에 서 있는 사람은 시속 105킬로미터라고 측정할 것이다.

이번에는 뉴턴역학의 속도 더하기를 아주 빠른 속력으로 달리

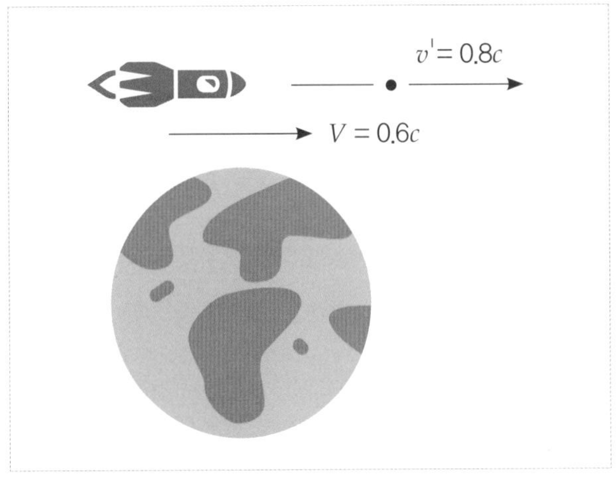

● 행성에 대해 0.6c의 속력으로 달리고 있는 우주선에서 0.8c의 속력으로 총알을 발사했다면 행성에서 측정한 총알의 속력은 얼마나 될까?

고 있는 우주선에 적용해보자. 인류가 식민지를 건설한 HDI 237 행성 옆을 0.6c의 속력으로 지나가는 우주선에서 앞쪽을 향해 총알을 0.8c의 속력으로 발사했다고 하자. HDI 237 행성에서 일하고 있던 사람들은 이 총알의 속력을 얼마로 측정할까? 뉴턴역학에 의하면 HDI 237 행성 위에서 일하고 있는 사람이 측정한 이 총알의 속력은 v=0.6c+0.8c=1.4c가 되어야 한다. 다시 말해 이 총알은 빛 속력의 1.4배나 되는 빠른 속력으로 달리고 있어야 한다.

그러나 특수상대성이론에서의 속력 더하기는 뉴턴역학의 속력 더하기와는 다르다. 속력은 거리를 시간으로 나눈 값이다. 총알은 좌표계의 원점에서 시간이 0일 때 x방향으로 발사되었다. 우주선 좌표계에서 측정하니 t'초 후에 x'에 가 있었고, 행성 좌표계에서 측정하니 t초 후에 x 위치에 가 있었다. 로렌츠 변환식에 의하면 x와 x', 그리고 t와 t' 사이에는 다음과 같은 관계가 있다.

$$x = \gamma(x' + Vt')$$
$$t = \gamma(t' + Vx'/c^2)$$

이 식들에서 γ는 $1/\sqrt{1-V^2/c^2}$ 을 나타낸다. HDI 237 행성에서 측정한 총알의 속력은 $v=x/t$ 이고, 우주선 위에서 측정한 총알의 속력은 $v'=x'/t'$ 이다.

$$v = \frac{x}{t} = \frac{\gamma(x' + Vt')}{\gamma(t' + Vx'/c^2)}$$

이 식에서 γ를 약분하고, 분모 분자를 t'로 나누면 다음과 같은 결과를 얻을 수 있다.

$$v = \frac{v' + V}{1 + Vv'/c^2}$$

이 식은 v와 v' 사이의 관계를 나타내는 식이다. 자, 이제 이 식을 이용하여 HDI 237행성에서 측정한 우주선에서 발사한 총알의 속력을 계산해 보자.

$$v = \frac{0.8c + 0.6c}{1+(0.8c \times 0.6c)/c^2} = \frac{1.4}{1.48}c = 0.9459c$$

HDI 237행성에서 측정한 총알의 속력은 빛의 속력에 매우 가까워졌지만 아직 빛의 속력보다는 느린 값이다. 우주선이 0.99c로 달리고 우주선에서의 총알의 속력이 0.99c라고 해도 행성에서 측정한 총알의 속력은 약 0.999949c가 되어 빛의 속력에 아주 가까울 뿐 빛의 속력보다는 느리다.

특수상대성이론의 속력 더하기에 의하면 아무리 빠른 속력을 더해도 빛의 속력보다 빠를 수 없다. 빛의 속력은 우주에서 가장 빠른 속력이다. 빛의 속력보다 더 빨리 달리는 것은 있을 수 없다.

동시성과 시간지연

빛의 속력은 관측자나 광원의 운동에 관계없이 누구에게나 일정하다. 빛보다 빠른 속력으로 전달되는 신호는 없다. 따라서 빛의 속력은 시간 측정에도 영향을 준다. 지구와 태양 사이에 작용하고 있는 중력으로 인해 지구는 태양으로부터 멀리 달아나지 않고 태양 주위를 공전하고 있다. 태양에서 지구까지의 거리는 약 1억5000만 킬로미터이다. 이것은 빛이 약 8분 20초 동안 달려야 하는 거리이다. 그리고 목성은 태양으로부터 빛이 약 1시간 20분 달려야 하는 거리에서 태양을 돌고 있다.

만약 어느 순간 태양이 사라진다면 어떻게 될까? 지구에서는 8분 20초 후에나 그 사실을 알 수 있을 것이고, 목성은 1시간 20분 후에나 그런 소식을 듣게 될 것이다. 태양이 사라졌다는 소식이 전달되기 전까지는 태양이 예전의 모습대로 빛나고 있을 뿐만 아니라 중력도 그대로 작용하고 있을 것이다. 이것은 하나의 사건을 위치에 따라 다른 시간에 일어난 일로 관측한다는 것을 의미한다.

지구를 출발해 아주 빠른 속력으로 멀리 있는 별을 향해 날아가고 있는 우주선에서 태양을 관측한다면 어떻게 될까? 우주선의 속력이 빠르면 빠를수록 태양이 사라졌다는 소식이 늦게 도달할 것이다. 만약 이 우주선의 속력이 0.99c라면 태양이 사라졌다는 소식이 이 우주선에 도달하기까지는 아주 오랜 시간이 걸릴 것이다.

이제 태양이 사라지기 전에 커졌다 작아졌다 하는 진동을 하다가 사라졌다고 가정해 보자. 지구와 목성, 그리고 우주선에서는 태양의 진동을 어떻게 측정할까? 지구에서는 태양이 진동을 시작하고 8분 20초 후에나 태양이 진동을 시작했다는 것을 관측할 것이고, 목성에서는 1시간 20분 후에나 태양의 진동을 감지할 것이다.

그러나 진동하는 주기는 같게 관측할 것이다. 다시 말해 위치에 따라 진동이 시작되는 시간은 다르게 관측하겠지만 태양에서 일어나는 일들 사이의 시간 간격은 같게 관측할 것이다. 지구와 목성은 태양으로부터의 거리는 다르지만 같은 관성계에 있기 때문이다. 다시 말해 같은 관성계의 다른 지점에서 측정한 시간은 다르지만 시계는 똑같이 간다.

그러나 태양계에서 멀어지고 있는 우주선에서는 진동이 시작되는 시간도 다르게 관측하고, 한 번 진동하는 데 걸리는 시간도 다르게 관측할 것이다. 태양이 한 번 진동하는 동안에도 우주선이 태양으로부터 멀어지고 있기 때문이다. 이것은 우주선의 위치와 속력에 따라 시간뿐만 아니라 태양에서 일어나는 일들 사이의 시간 간격도 다르게 관측한다는 것을 의미한다. 다시 말해 멀어지고 있는 우주선에서 보면 태양에서 일어나는 일들이 천천히 일어나고 있는 것처럼 보일 것이다. 태양과 우주선이 다른 관성계에 있기 때문이다.

이것은 시간은 누구에게나 똑같이 흘러간다는 사실이 더 이상 사실이 아님을 의미한다. 누구에게나 빛의 속력이 일정한 우주에서는 시간마저도 측정하는 사람의 상대속력에 따라 달라져야 한다. 누구에게나 일정하게 흘러가는 시간을 절대시간이라고 한다면 측정하는 사람의 상대속력에 따라 달라지는 시간을 상대시간이라고 한다.

그렇다면 서로 다른 관성계에서 측정한 시간 사이에는 어떤 관계가 있을까? $Oxyz$관성계의 한 점 x에 고정되어 있는 시계로 시간을 측정하는 경우를 생각해 보자. $Oxyz$관성계에서 측정한 어떤 사건이 일어나기 시작했을 때의 시간이 t_1이었고, 이 사건이 끝났을 때의 시간이 t_2였다면 이 사건이 일어나는 데 걸린 시간은 $\Delta t = t_2 - t_1$이다. 그렇다면 이 좌표계에 대해 V의 상대속력으로 달리고 있는 $O'x'y'z'$ 좌표계에서는 이 사건이 일어나는 데 얼마나 오랜 시간이 걸렸다고 측정할까?

$$\Delta t' = t'_2 - t'_1 = \gamma(t_2 - Vx/c^2) - \gamma(t_1 - Vx/c^2) = \gamma(t_2 - t_1) = \gamma\Delta t$$

$Oxyz$관성계에서나 $O'x'y'z'$관성계에서 시간을 측정할 때 $Oxyz$관성계의 x점에 고정되어 있는 시계로 시간을 측정했다면 위와 같은 관계식이 성립한다. 시간을 측정할 때는 어느 좌표계의 어느 지점에 있는 시계로 측정했는지가 중요하다. 그런데 γ는 $1\sqrt{1-V^2/c^2}$ 이므로 1보다 항상 큰 값이다. 따라서 시계와 같은 관성계에 있는 시계로 측정한 시간 Δt는 이 시계에 대해 V의 속력으로 달리고 있는 관성계에서 측정한 시간 $\Delta t'$ 보다 항상 짧다. 다시 말해 $Oxyz$좌표계에서 일어나는 일을 $O'x'y'z'$관성계에서 측정하면 모든 일들이 천천히 진행된다는 것을 의미한다. 이런 것을 시간지연이라고 한다.

시간지연은 시계로 측정한 시간만 천천히 가는 것이 아니라 모든 물리 화학적 변화도 천천히 일어난다는 것을 의미한다. 따라서 $Oxyz$관성계에 살고 있는 사람의 나이는 같은 $Oxyz$관성계에서 측정한 나이보다 이 관성계에 대해 V의 속력으로 달리고 있는 $O'x'y'z'$관성계에서 측정한 나이가 더 적다. 이 때문에 $Oxyz$관성계에 있는 사람은 $O'x'y'z'$관성계에 있는 사람이 나이를 천천히

● 지상의 관측자는 우주선을 타고 여행하는 사람이 천천히 나이를 먹는 것으로 관측하고, 우주선을 타고 여행하는 사람은 지상에 있는 사람이 자신보다 천천히 나이를 먹는 것으로 관측한다. 서로 다른 관성계에서 측정한 시간이 다르기 때문이다.

먹는다고 관측할 것이다.

여러 관성계에서 측정한 시간 중에서는 시계와 같은 관성계에 있는 관측자가 측정한 시간이 가장 빨리 간다. 시계와 같은 관성계에 있는 관측자가 측정한 시간을 고유시간이라고 부른다. 따라서 고유시간은 가장 빨리 가는 시간이다.

만약 시간을 HDI 237 행성에 대해 V의 속력으로 달리고 있는 우주선 위에 고정된 시계로 측정한다면 우주선에서 측정한 시간보다 HDI 237 행성에서 측정한 시간이 천천히 갈 것이다. 그러나 HDI 237 행성에 고정된 시계로 시간을 측정한다면 이 행성에서 측정한 시간보다 우주선에서 측정한 시간이 천천히 갈 것이다. 이처럼 시간도 측정하는 사람의 상대속력에 따라 달라질 수 있으므로 두 사건이 언제 일어났는지도 측정한 사람에 따라 달라질 수 있다. HDI 237 행성의 폭발 사건을 다룰 때 한국의 한석박사만이 특수상대성이론을 잘 이해하고 있었던 것이다.

길이의 수축

그렇다면 두 다른 관성계에서 측정한 길이는 어떻게 달라질까? $Oxyz$ 관성계에서 측정한 길이와 $O'x'y'z'$ 관성계에서 측정한 길이를 비교하기 위해서 $Oxyz$ 관성계에 x축 방향으로 놓여 있는 막대를 생각해 보자. $Oxyz$ 관성계에서 이 막대 양쪽 끝의 좌표를 측정해보니 각각 x_1과 x_2였다. 따라서 $Oxyz$ 관성계에서 측정한 이 막대의 길이, Δx는 $\Delta x = x_2 - x_1$이다.

이번에는 이 막대의 길이를 이 막대에 대해 V의 속력으로 달리고 있는 $O'x'y'z'$ 관성계에서 측정했더니 막대 양끝의 좌표가 각각 x'_1과 x'_2였다. 따라서 $O'x'y'z'$ 관성계에서 측정한 이 막대의 길이는 $\Delta x' = x'_2 - x'_1$이다. 이제 Δx와 $\Delta x'$ 사이에 어떤 관계가 있는지 알아보자.

이때 주의해야 할 것은 막대의 좌표를 측정하는 시간이다. 막대가 $Oxyz$ 관성계에 고정되어 있으므로 시간이 흘러도 $Oxyz$ 관성계에서 측정한 막대의 좌표는 변하지 않는다. 따라서 같은 관성계에서 측정할 때는 언제 측정했는지가 문제가 되지 않는다. 그러나 달리는 관성계에서 측정한 좌표는 시간에 따라 달라지므로 달리고 있는 관성계에서 길이를 측정할 때는 양쪽 좌표를 측정하는 시간 t'가 같아야 한다.

$$\Delta x = x_2 - x_1 = \gamma(x'_2 + Vt') - \gamma(x'_1 + Vt') = \gamma(x'_2 + x'_1) = \gamma\Delta x'$$

이것은 $0xyz$관성계에 놓여 있는 막대의 길이를 $0xyz$관성계에서 측정한 값이 $0'x'y'z'$관성계에서 측정한 값보다 작다는 것을 나타낸다. 다시 말해 막대에 대해 상대적으로 정지해 있는 관측자가 측정한 길이가 이 막대에 대해 상대적으로 운동하고 있는 $0'x'y'z'$관성계에서 측정한 길이보다 더 길다.

빛의 속력보다 아주 느린 속력으로 달리는 경우에는 길이의 수축이 아주 작아 측정이 어렵다. 그러나 빛의 속력의 60%나 되는 빠른 속력(0.6c)로 달리는 경우에는 정지했을 때는 1미터였던 물체의 길이가 0.8미터로 측정되고, 0.8c로 달리는 경우에는 0.6미터로 측정된다. 빛의 속력에 아주 가까운 속력으로 달리면 길이도 아주 짧아져 0에 가까워진다.

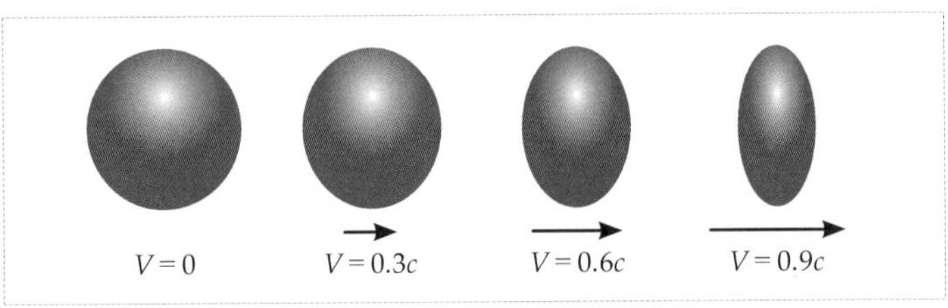

● 속력에 따라 달리는 방향의 길이가 줄어들어 정지해 있을 때는 둥글었던 공이 0.9c의 속력으로 달리면 길쭉한 모양으로 변한다.

지구에서 가장 가까이 있는 별은 남반구에서 관측할 수 있는 켄타우루스자리에 있는 프록시마이다. 이 별까지의 거리는 약 4.25광년 정도 된다. 다시 말해 빛의 속력으로 달려도 4.25년을 가야하는 먼 거리에 있다. 따라서 현재 인류가 개발한 우주선으로 이 별까지 가려면 수백 년을 달려가야 한다. 그러나 미래에 빛의 속력의 60%나 되는 빠른 속력으로 달리는 우주선이 개발된다면 이 별까지 여행하는 것도 가능할 것이다.

그러나 이렇게 빠르게 달리는 우주선이 운행할 때는 거리나 시간을 모두 특수상대성이론을 이용하여 계산해야 한다. 지상에서 측정한 프록시마까지의 거리를 L_0 라고 하면 우주선에서 측정한 프록시마까지의 거리는 $L=\gamma L_0$ 가 되어 지상에서 측정한 거리보다 짧아진다. 우주선 안에 있는 시계로 프록시마까지 가는 데 걸리는 시간을 측정한 값을 t_0라고 하고, 지구상에서 측정한 시간을 t라고 하면 $t=\gamma t_0$이 된다. 따라서 지상에서 측정한 시간보다 짧은 시간에 프록시마까지 도달할 수 있다.

그렇다면 지상에서 측정한 우주선의 속력과 우주선 안에서 측정한 우주선의 속력은 어떻게 달라질까?

지상에서 측정한 우주선의 속력은 $v=\frac{L_0}{t}$ 이다. 그리고 우주선 안에서 측정한 우주선의 속력은 $v'=\frac{L}{t_0}=\frac{\gamma L_0}{\gamma t}=\frac{L_0}{t}=v$가 되어 지상에서 측정한 속력과 같아진다. 어떤 상태에서 측정하느냐에 따라 거리와 시간은 달라지지만 우주선의 속력은 어디에서 측정해도 같다. 이것은 당연한 결과이다. 지구에서 보면 우주선이 v의 속력으로 멀어지는 것처럼 보이고, 우주선에서 보면 지구가 같은 속력에서 반대 방향으로 멀어지는 것처럼 보이기 때문이다.

작은 차고에 큰 자동차가 들어갈 수 있을까?

실제 실험도구를 이용하여 하는 실험이 아니라 생각으로 하는 실험을 사고실험이라고 한다. 아인슈타인은 사고실험을 아주 좋아했다. 사고실험에서는 논리적으로 가능하기만 하면 무슨 실험이든지 할 수 있다. 이제 길이가 5미터인 자동차를 길이가 4미터인 차고에 집어넣는 사고실험을 해보자.

이 사고실험은 특수상대성이론을 다룰 때 자주 등장하는 문제이다. 길이가 5미터인 자동차를 길이가 4미터인 차고 안에 넣는 것은 상식적으로는 가능하지 않다. 그러나 특수상대성이론을 이용하면 가능하다. 빠르게 달리면 자동차의 길이가 줄어든다. 따라서 자동차의 길이가 4미터보다 짧아지도록 자동차를 빠르게 달리도록 한 다음 차고에 들어온 순간 앞과 뒤의 문을 닫으면 된다.

그러나 차고 안에서 자동차가 멈추면 다시 길이가 처음처럼 길어질 것이므로 멈추면 안 된다. 순간적으로 앞뒤 문을 닫았다가 다시 열면 아주 짧은 시간 동안 5미터의 자동차를 4미터의 차고 안에 집어넣은 것이 된다. 그렇다면 자동차를 타고 있는 사람은 이 실험을 어떻게 관측할까?

자동차에 타고 있는 사람이 볼 때는 빠르게 달리는 자동차의 길이가 짧아지는 것이 아니라 차고의 길이가 짧아진다. 그러지 않아도 짧은 차고의 길이가 더 짧아졌으므로 차고 안에 자동차를 넣을 수는 없다. 그러나 이 경우에도 자동차는 차고를 무사히 통과할 수 있다. 앞에서 자동차가 차고에 들어온 순간 앞과 뒤의 문을 동시에 닫아서 순간적으로 자동차를 차고 안에 넣는다고 했다. 그런데 빠르게 달리는 자동차 안에서 보면 두 문이 동시에 닫히는 것이 아니라 앞문이 닫히기 전에 뒷문이 열린다. 자동차가 빠르게 달리면 지상에서 일어나는 일들의 시간이 달라지기 때문이다.

따라서 자동차를 타고 있는 사람의 입장에서 보면 자동차를 차고에 넣을 수는 없어도 빠르게 닫혔다가 열리는 차고를 무사하게 통과할 수는 있다.

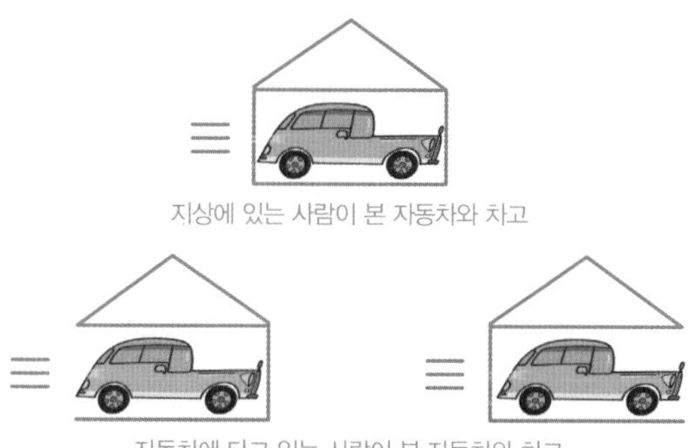
지상에 있는 사람이 본 자동차와 차고

자동차에 타고 있는 사람이 본 자동차와 차고

7장

질량과 에너지

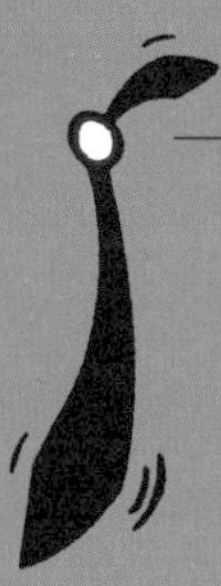

질량과 에너지는
어떤 관계일까?

빛보다 빠른 속력으로 달려라

여러 가지 새로운 발명품을 만들어내 사람들을 깜짝 놀라게 했던 김발명씨는 요즘 새로운 우주선을 발명하기 위해 온 힘을 기울이고 있다. 김발명씨가 새롭게 만들려고 하는 우주선은 빛보다 더 빠른 속력으로 달리는 우주선이다. 김발명씨가 이런 우주선을 발명하기 위한 연구를 시작한 것은 우주여행을 하기 위해서는 빛보다 빨리 달리는 우주선이 꼭 필요하다고 생각했기 때문이다.

태양계에서 가장 가까운 곳에 있는 별까지의 거리는 4.3광년이나 된다. 빛의 속력으로 달려도 4.3년을 달려야 도달하는 거리이다. 따라서 현재 우리가 가지고 있는 우주선을 타고 이 별까지 가려면 수백 년 동안 달려가야 한다. 그러나 이 별에는 사람이 살아갈 수 있는 행성이 없는 것으로 알려져 있다. 따라서 사람이 살아갈 수 있는 행성까지 가려면 수천 년을 달려가야 할 것이다. 인간의 짧은 수명을 생각하면 현재의 우주선으로는 우주여행이 불가능한 것이나 마찬가지이다.

우리은하를 떠나 다른 은하까지 가는 우주여행을 생각한다면 상황은 더 나빠진다. 우리은하에서 가장 가까운 곳에 있는 대마젤란은하까지의 거리도 15만 광년이나 되고, 우리에게 가장 잘 알려져 있는 안드로메다은하까지의 거리는 225만 광년이 넘는다. 따라서 현재 우리가 가지고 있는 느림보 우주선으로는 인류의 역사보다 더 긴 시간 동안 여행해도 다른 은하에 도달할 수 없다.

따라서 김발명씨는 인류가 우주로 진출하려면 빛보다 빠른 속력으로 달리는 우주선이 꼭 필요하다는 생각을 하게 되었다.

김발명씨는 우주여행을 다룬 드라마나 영화를 매우 좋아했다. 그런 드라마나 영화에서는 빛보다 빠른 속력으로 달리는 장면이 자주 등장했다. 빛보다 빠른 속력으로 달리는 것을 와프 드라이브라고 한다. 김발명씨는 드라마나 영화에 와프 드라이브가 자주 등장한다는 것은 그런 것이 가능하기 때문이라고 생각했다.

빛보다 빠른 우주선을 만드는 연구를 시작한 김발명씨는 우선 커다란 물체를 빠른 속력으로 달리게 하는 실험을 시작했다. 초전도체 코일을 이용하여 강력한 전기장과 자기장을 만들어 이들의 힘으로 물체를 빠르게 달리도록 하는 실험이었다. 실험은 계획대로 잘 진척되었다. 물체의 속력이 점점 빨라져 빛 속력의 40%나 되는 빠른 속력($0.4c$)으로 달리는 것도 가능해졌다. 이것도 전에는 누구도 성공하지 못했던 놀라운 성과였다.

김발명씨는 이제 조금만 더 장치를 보완하면 물체의 속력을 $0.6c$까지 높일 수 있을 것이라는 자신이 생겼다. 그러나 물체의 속력이 $0.6c$에 다가가자 물체의 질량이 증가하는 것만 같았다. 질량은 물체의 고유한 양으로 항상 일정한 것으로 알려져 있었다. 질량보존의 법칙은 과학을 공부한 사람이라면 누구나 알고 있는 기본적인 법칙이다. 따라서 속력이 빨라진다고 해서 물체의 질량이 증가한다는 것은 있을 수 없는 일이다.

김발명씨는 여러 가지 장비를 보완하여 물체의 속력을 0.6c까지 높이는 데는 성공했지만 그 이상 더 빠른 속력으로 달리게 하는 것은 불가능해 보였다. 속력이 빨라지는 대신 질량이 증가하는 것이 확실했다. 이것은 그가 예상했던 것과는 전혀 다른 결과였다. 그는 물체에 많은 에너지를 공급하면 결국은 빛의 속력으로 달리는 것이 가능할 것이라고 생각했다. 그러나 많은 에너지를 가해주자 속력이 빨라지는 대신 물체가 점점 무거워졌던 것이다.

그때 어떤 사람이 빛의 속력에 가까이 다가가는 실험을 하려면 특수상대성이론을 먼저 공부해야 한다고 이야기해 주었다. 김발명씨도 상대성이론에 대해 들은 적이 있었지만 그것이 자신의 발명과 관련이 있을 것이라고는 생각하지 않았다. 그러나 물체의 속력이 빨라지면 특수상대성이론의 효과가 크게 나타나기 때문에 상대성이론을 공부하지 않고는 더 이상의 실험이 불가능하다는 것을 알게 되었다.

과연 특수상대성이론에 의하면 빠른 속력에서는 질량이 어떻게 변할까?

질량의 증가

특수상대성이론의 기본적인 전제 중 하나는 모든 관성계에서는 같은 물리법칙이 성립한다는 상대성 원리이다. 물리법칙 중에서 운동량 보존법칙은 우리가 사는 우주 공간의 성질과 관련된 가장 기본적인 법칙이다. 우리가 살고 있는 우주 공간은 시간이 지나도 물리적 성질이 변하지 않는다. 따라서 외부에서 힘이 작용하지 않는 한 물체가 가지고 있는 운동량은 시간이 지나도 변하지 않는다. 이것이 운동량 보존법칙이다.

뉴턴역학의 기초가 되는 $F = ma$라는 법칙도 사실은 운동량 보존법칙을 나타내고 있다. 뉴턴은 『프린키피아』에서 이것을 '외부에서 힘이 작용하지 않으면 물체의 운동의 양이 변하지 않는다'라고 하고, 운동의 양은 물체의 양에다 물체의 속력을 곱한 양이라고 정의해 놓았다. 물체의 질량에다 물체의 속력을 곱한 양이 바로 운동량이다.

따라서 두 물체가 충돌하는 경우에 외부에서 힘이 작용하지 않으면 충돌에 관여한 모든 물체의 운동량의 합은 보존되어야 한다. 이제 두 물체가 충돌하는 것을 두 가지 다른 관성계에서 측정하는 경우를 생각해보자.

질량과 속력을 곱한 운동량은 세 가지 성분을 가지고 있다. 질량에다 x방향의 속력을 곱한 것이 운동량의 x방향 성분이고, 질량에다 y방향 속력을 곱한 것이 운동량의 y방향 성분이며, 질량에다 z방향 속력을 곱한 것이 운동량의 z방향 성분이다. 운동량 보존법칙은 각 성분별로 성립하므로 외부에서 x방향의 힘이 작용하지 않으면 x방향의 운동량이 보존되고, 외부에서 y방향의 힘이 작용하지 않으면 y방향의 운동량이 보존된다.

앞에서 우리는 속력 더하기에 대해 이야기했다. 이때는 x방향으로 V의 속력으로 달리고 있는 $O'x'y'z'$ 관성계에서 v'의 속력으로 달리는 물체의 속력을 $Oxyz$ 관성계에서 측정하면 어떻게 되는지에 대해 이야기했다. 그렇다면 $O'x'y'z'$ 관성계에서 측정한 y' 방향의 속력과 $Oxyz$ 관성계에서 측정한 y방향의 속력 사이에는 어떤 관계가 있을까?

로렌츠 변환식을 보면 y와 z의 좌표는 $Oxyz$ 관성계에서 측정한 값이나 $O'x'y'z'$ 관성계에서 측정한 값이 같다. 좌표계가 x방향으로 달리고 있기 때문이다. 따라서 y방향이나 z방향으로는 길이도 변하지 않는다. 그러나 시간은 상대속력에 따라 달라진다. 따라서 y방향의 거리를 시간으로 나눈 y방향의 속력은 상대속력에 따라 달라진다. 질량과 속력을 곱한 운동량의 y방향 성분도 상대속력에 따라 달라진다.

두 물체가 충돌하는 것을 V의 상대속력으로 달리고 있는 두 개의 다른 관성계에서 측정하면 어떤 일이 벌어질지를 생각해보자. Oxy 관성계에서 보면 빨간 공은 x방향으로는 달리지 않고 똑바로 위로 올라가 초록색 공과 충돌한 다음 다시 방향을 바꾸어 아래로 내려온다. 그러나 x방향, V의 속력으로 달리고 있는 $O'x'y'$ 관성계에서 보면 빨간 공은 x방향의 마이너스 방향으로 달리면서 플러스 방향으로 달리고 있는 초록색 공과 충돌한다.

두 관성계에서 보면 공이 충돌하는 모습은 다르게 보이지만 운동량 보존법칙은 양쪽의 경우 모두 똑같이 성립해야 한다. 그런

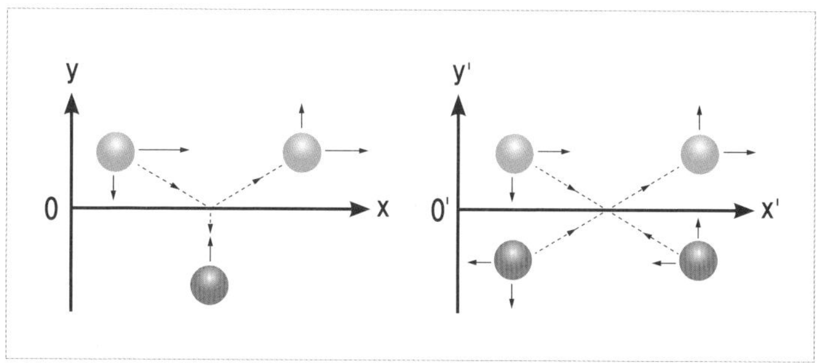

● 좌측 그림은 두 공이 충돌하는 것을 oxy좌표계에서 측정한 것을 나타내고, 우측 그림은 oxy좌표계에 대하여 우측으로 v의 속력으로 달리고 있는 $o'x'y'$ 좌표계에서 측정한 것을 나타낸다.

데 y방향의 속력이 상대속력에 따라 달라지므로 질량이 변하지 않고 일정한 값을 가지고 있으면 운동량 보존법칙이 성립하지 않는다. 약간 복잡한 계산이어서 여기서는 계산 과정을 보여줄 수 없지만 두 관성계에서 모두 운동량 보존법칙이 성립하기 위해서는 질량이 상대속력에 따라 달라져야 한다.

물체에 대해 정지해 있는 관성계에서 측정한 질량을 m_0라고 하고, 이 물체에 대해 V의 속력으로 달리고 있는 관성계에서 측정한 질량을 m이라고 하면, 두 관성계에서 운동량 보존법칙이 성립하기 위해서는 m_0와 m 사이에 다음과 같은 관계가 있다는 것이 밝혀졌다. m_0를 정지질량이라고 부른다.

$$m = \frac{m_0}{\sqrt{1-V^2/c^2}} = \gamma m_0$$

그런데 γ값은 항상 1보다 크므로 m은 항상 m_0보다 크다. 다시 말해 속력이 빨라지면 빨라질수록 질량이 증가한다. 물체의 속력이 $0.2c$인 경우에는 질량이 1.02배로 증가해 그다지 큰 변화

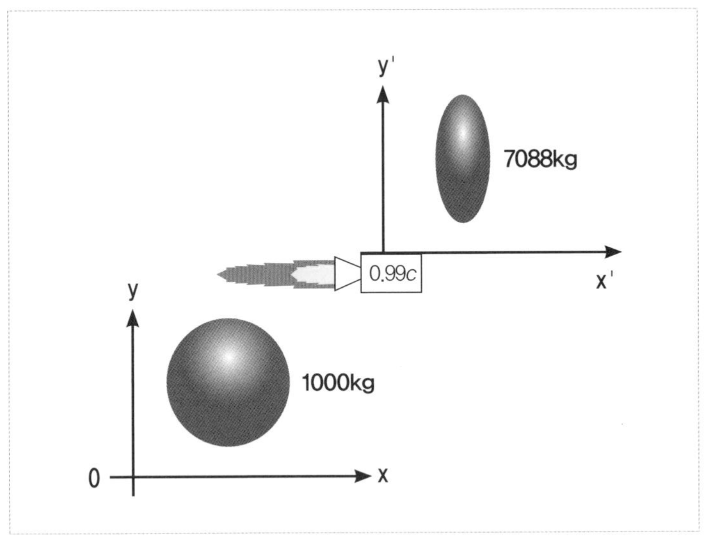

● 두 관성계에 있는 똑같은 물체를 Oxy좌표계에서 측정하면 달리고 있는 물체의 질량이 더 크다.

를 보이지 않지만, $0.6c$에서는 1.25배가 되고, $0.9c$에서는 2.29배로 질량이 증가한다. $0.9999c$에서는 질량이 223.6배로 커진다. 이처럼 빛의 속력에 아주 가까워지면 질량이 갑자기 크게 증가하기 시작해 빛의 속력에서는 무한대가 된다.

물체에 힘을 가했을 때 발생하는 가속도의 크기는 힘에 비례하고 질량에 반비례한다. 따라서 속력이 느린 경우에는 질량이 작아 쉽게 가속도를 발생시킬 수 있지만, 속력이 빨라져 질량이 증가하면 큰 힘을 가해도 큰 가속도가 나오지 않는다. 따라서 빛의 속력에 가까이 가면 아무린 큰 힘을 가해도 속력을 더 이상 증가시킬 수 없게 된다.

질량은 물체가 가지고 있는 고유한 양이어서 변하지 않는다고 했던 뉴턴역학에서는 물체에 오랫동안 힘을 가하면 결국에는

너는 매일 다이어트 한다면서
몸무게는 왜 안 줄어드니?
다이어트를 하기는 하니?

내가 열심히
다이어트를 하는데도 몸무게가
줄어들지 않는 것은 아인슈타인 박사님 때문이야.
그분이 빨리 달리면 몸무게가
늘어난다고 했거든!

빛의 속력보다 더 빨리 달리게 하는 것이 가능했다. 그러나 속력이 빨라짐에 따라 질량이 증가하는 특수상대성이론에서는 질량을 가지고 있는 물체를 빛의 속력으로 달리게 하는 것은 가능하지 않다.

빛의 속력으로 달릴 수 있는 것은 빛 입자인 광자와 같이 질량을 가지고 있지 않은 입자들뿐이다. 강한 핵력을 전달해주는 글루온이라는 입자도 질량을 가지고 있지 않아 빛의 속력으로 달릴 수 있다. 중력을 전달해주는 입자인 중력자(그래비톤)도 질량을 가지고 있지 않을 것으로 생각하고 있지만 아직 실험을 통해 중력자를 발견하지는 못했다.

질량과 에너지

특수상대성이론에서의 에너지 이야기를 하기 전에 우선 뉴턴역학에서의 에너지 이야기를 해보자. 뉴턴이 처음 뉴턴역학을 제안했을 때는 에너지라는 양이 포함되어 있지 않았지만, 1800년대 초에 물리학자들이 힘에다 거리를 곱한 양을 일이라 정의하고, 물체가 가지고 있는 일할 수 있는 능력을 에너지라고 부르기 시작했다.

에너지에는 여러 가지 종류가 있다. 운동에너지는 운동하고 있는 물체가 가지고 있는 에너지이고, 위치에너지는 물체의 위치에 의해 갖게 되는 에너지이다. 전기에너지는 전기가 가지고 있는 에너지이고, 화학에너지는 물질의 화학적 상태에 따라 가지게 되는 에너지이다. 원자핵이 가지고 있는 에너지는 원자핵 에너지라고 부르기도 한다. 이 밖에도 에너지의 종류는 아주 많다.

이런 에너지들 중에서 역학에서는 운동에너지와 위치에너지를 주로 다룬다. 따라서 운동에너지와 위치에너지를 역학적 에너지라고 부르기도 한다. 특수상대성이론에서도 주로 역학적 에너지를 다룬다.

먼저 운동에너지부터 생각해 보자. 질량이 m인 물체가 정지해 있을 때의 운동에너지는 0이다. 이 물체가 v의 속력으로 달리고 있을 때의 운동에너지는 정지해 있던 물체를 v의 속력으로 달릴 때까지 이 물체에 해준 일의 양과 같다. 속력이 0인 상태에서 속력이 v가 될 때까지 속력이 일정하게 증가했고, 이때까지 걸린 시간을 t라고 하면 가속도는 v/t이고, 평균속력은 $v/2$이므로 이동한 거리는 $vt/2$이다. 따라서 v의 속력으로 달리고 있는 물체의 운동에너지는 다음과 같다.

$$\text{운동에너지}(E_K) = \text{힘} \times \text{거리} = \text{질량} \times \text{가속도} \times \text{거리}$$

$$= m \times \frac{v}{t} \times \frac{v}{2} t = \frac{1}{2} m v^2$$

이것은 고등학교에서 물리를 공부한 사람은 누구나 알고 있는 운동에너지의 식이다. 뉴턴역학에서 운동에너지를 쉽게 계산할 수 있었던 것은 질량이 속력에 따라 변하지 않고 일정했기 때문이다. 그러나 특수상대성이론에서는 속력이 빨라짐에 따라 질량도 증가한다.

뉴턴역학에서는 물체에 해준 일이 모두 속력을 증가시키는 데 사용된다. 그러나 특수상대성이론에서 일의 일부는 속력을 증가시키고 일부는 질량을 증가시키는 데 사용된다. 속력이 느린 경우에는 대부분의 일이 속력을 증가시키는 데 사용되기 때문에 뉴턴역학과 별반 다르지 않다. 그러나 속력이 빨라지면 에너지의 많은 부분이 질량을 증가시키는 데 사용되어 뉴턴역학과 크게 달라진다.

그렇다면 특수상대성이론에서는 운동에너지를 어떻게 계산해야 할까? 특수상대성이론에서도 운동에너지를 계산하는 기본적인 방법은 똑같다. 다만 속력에 따라 질량도 변하므로 뉴턴역학의 경우처럼 간단한 계산이 가능하지 않고, 고등학교에서 배우는 적분이라는 수학적 방법을 사용해야 한다. 이 계산 과정을 적분기

호를 이용해 나타내보면 다음과 같다.

$$E_K = \int_0^v \frac{d}{dt}\left(\frac{m_0 v}{\sqrt{1-v^2/c^2}}\right)dx$$

갑자기 어려운 수학식이 나와 당황했을 수도 있겠다. 하지만 이 식 때문에 걱정할 필요는 없다. 이 식은 복잡한 적분을 공부한 후에나 계산할 수 있는 식이다. 따라서 여기서는 이 식의 계산 결과만 알아보기로 하자. 이 식을 계산하면 다음과 같은 결과가 나온다.

$$E_K = mc^2 - m_0c^2,\ \text{즉}\ mc^2 = m_0c^2 + E_K$$

이 식에서 E_k는 운동에너지이다. 이 식이 뜻하는 것은 속력 v인 물체의 운동에너지는 mc^2에서 m_0c^2을 뺀 값과 같다는 것이다. m_0c^2을 정지해 있는 물체가 가지고 있는 에너지라고 하면 mc^2은 속력이 v인 물체가 가지고 있는 운동에너지에다 정지해 있을 때 가지고 있던 에너지를 더한 값이 된다.

뉴턴역학에서 정지해 있는 에너지는 에너지가 0이었다. 그러나 특수상대성이론에서는 정지해 있는 물체도 m_0c^2의 에너지를 가지게 되었다. 그렇게 되면 v의 속력으로 달리고 있는 물체의 총 에너지는 다음과 같이 된다.

$$E = m_0c^2 + E_K = mc^2$$

이 식은 상대성이론이라고 하면 누구나 떠올리는 식이다. 이 식에 의해 에너지는 질량으로, 질량은 에너지로 바뀔 수 있게 되었다. 아인슈타인의 특수상대성이론이 등장하기 전에는 질량 보존법칙과 에너지 보존법칙이 따로따로 있었다. 그러나 이제 질량이 에너지로, 그리고 에너지가 질량으로 바뀔 수 있게 됨에 따라 더 이상 두 가지 보존법칙이 따로따로 성립하지 않고 질량-에너지 보존법칙으로 통합되었다.

많은 실험을 통해 입자와 반입자 쌍이 사라지면서 에너지가 되는 것이 확인되었고, 큰 에너지를 가진 감마선이 입자와 반입자의 쌍을 만들어내는 것도 확인되었다. 그리고 이 식은 별이 내는 에너지를 설명할 수 있게 해주었고, 원자폭탄과 원자력 발전의 원리를 제공했다. 따라서 이 식은 많은 자연현상을 이해하는 데 크게 기여했을 뿐만 아니라 세계 정치질서나 우리의 생활에도 큰 영향을 끼치게 되었다.

아인슈타인은
1905년에 에너지가 질량으로 바뀌고
질량이 에너지로 바뀔 수 있다는 것을 나타내는 식을 제안했어요.
아마 이 식은 물리학의 모든 식들 중에서 가장 유명한 식일 겁니다.
물리학을 공부하지 않은 사람들도 이 식은 알고 있으니까요.
이 식은 원자폭탄과 원자력 발전의 원리가 되고 있으며, 방사선을 이용한
질병의 진단과 치료의 기본 원리이기도 합니다.
따라서 이 식은 현대 문명의 기초가 되는
식이라고 할 수 있습니다.

$E=mc^2$이 바꾸어 놓은 세상

태양과 같은 별은 수십억 년 동안 엄청나게 많은 에너지를 방출하면서 계속 빛나고 있다. 태양과 같은 별이 어떻게 에너지를 계속 방출할 수 있을까 하는 것은 20세기 초 천문학계가 가지고 있던 가장 큰 의문이었다. 그러나 특수상대성이론이 등장하고 원자핵 변환이 밝혀지면서 별 내부에서 일어나는 가벼운 원소의 원자핵이 융합하여 큰 원자핵이 될 때 질량의 일부가 에너지로 바뀐다는 것이 밝혀졌다.

별들을 빛나게 하는 에너지가 핵융합 반응에 의해 공급되고 있다는 것을 처음 밝혀낸 사람은 독일의 프리츠 후터만과 영국의 로버트 앳킨슨이었다. 두 사람은 1929년에 공동으로 발표한 논문에서 별들을 빛나게 하는 에너지는 수소가 헬륨으로 바뀌는 핵융합 반응에 의해 공급되고 있다고 주장했다. 별 내부에서 핵융합 반응이 어떻게 일어나고 있는지를 밝혀낸 사람은 독일 태생으로 미국에서 활동했던 한스 베테였다.

현재 태양 내부에서는 가장 가벼운 원소인 수소의 원자핵이 융합하여 헬륨 원자핵이 되는 핵융합 반응이 일어나고 있다. 그러나 큰 별의 내부에서는 헬륨보다 무거운 원소가 만들어지는 핵융합 반응도 일어나고 있다. 커다란 원자핵이 융합하여 더 큰 원자핵이 되기 위해서는 온도와 밀도가 훨씬 더 높아야 하지만, 이런 핵융합 반응이 일어나면 훨씬 더 많은 에너지가 발생한다.

$E=mc^2$이라는 식을 이용하여 별 내부에서 일어나는 일들을 설명할 수 있게 된 천문학자들은 별이 어떻게 탄생하고 성장한

다음 죽어가는지를 밝혀냈다. 아인슈타인의 특수상대성이론이 별의 일생을 밝혀내는 열쇠를 제공한 것이다.

그러나 작은 원자핵이 융합하여 큰 원자핵이 될 때만 질량의 일부가 에너지로 바뀌는 것이 아니라 우라늄의 원자핵과 같이 너무 커서 불안정한 원자핵이 분열하여 작은 원자핵으로 바뀔 때도 질량의 일부가 에너지로 바뀐다는 것이 밝혀졌다. 이 에너지를 이용하여 만든 것이 원자폭탄이다.

제2차 세계대전이 끝난 후에는 큰 원자핵이 분열할 때 나오는 에너지를 평화로운 방법으로 사용하는 방법이 개발되었다. 세계 곳곳에 설치되어 현재 사용하고 있는 전기에너지의 많은 부분을 공급하고 있는 원자력 발전소는 대부분 우라늄 원자핵이 분열할 때 나오는 에너지를 이용하여 발전하고 있다.

지구 내부의 온도가 높은 것도 $E=mc^2$이라는 식과 관련이 있다. 지구 내부의 온도가 높은 것은 지구 형성 초기의 수축으로 인한 온도의 상승, 수많은 운석들의 충돌 때 발생한 열로 인한 온도의 상승, 그리고 지구 내에 포함되어 있는 방사성 원소가 붕괴할 때 발생하는 열로 인한 온도의 상승이 그 원인이다. 현재도 지구 내부에서는 많은 양의 방사성 원소들이 붕괴하면서 열을 발생시키고 있다. 이 열은 지각 판들을 이동시키고, 화산과 지진을 만들어내는 에너지원이 되고 있다.

병원에서 질병의 진단에도 $E=mc^2$이라는 식이 이용되고 있다. 병원에 가면 가장 먼저 하는 일이 어떤 질병인지를 알아내기 위해 여러 가지 검사를 받는 일이다. 질병의 진단에 사용되는 장비 중에는 PET-CT라는 장비가 있다. 이 장비는 양전자가 전자와 만나 에너지로 바뀔 때 발생하는 감마선을 이용하여 질병을 진단한다. 방사성 원소 중에는 방사성 붕괴할 때 전자의 반입자인 양전자를 방출하는 원소가 있다. 반입자는 전하의 부호만 다르고 다른 것은 모두 똑같은 입자로 입자와 반입자가 만나면 쌍소멸하여 사라지면서 $E=mc^2$에 해당하는 에너지를 가진 감마선을 낸다.

이런 방사성 원소를 포함하고 있는 포도당을 주사한 후 이 원소가 붕괴할 때 나온 양전자가 주위의 전자와 쌍소멸할 때 방출하는 감마선을 추적하면 이 포도당이 어느 부위에서 가장 많이 사용되고 있는지 알 수 있다. 암세포는 다른 세포들보다 훨씬 많은 포도당을 소비하므로 이 방법을 사용하면 암을 조기에 발견할 수 있다.

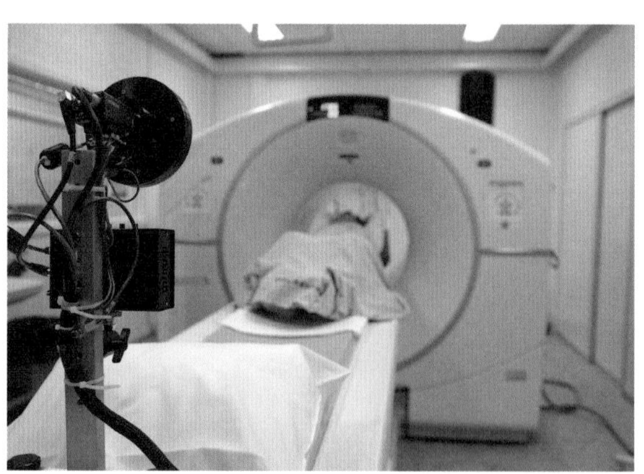

● 병원의 CT 장비에서도 $E=mc^2$이 이용되고 있다.

실라르드와 아인슈타인, 그리고 원자폭탄

질량이 에너지로 바뀔 수도 있고, 에너지가 질량으로 바뀔 수도 있다는 것을 밝혀낸 사람은 아인슈타인이다. 그리고 1938년에 우라늄 원자핵이 중성자를 흡수하면 더 작은 원자핵으로 쪼개지면서 에너지를 방출한다는 것을 밝혀낸 사람은 독일의 화학자 한스 한이었다. 그러나 원자핵 분열이 연속으로 일어나도록 하면 많은 에너지가 나와 원자폭탄을 만들 수도 있을 것이라는 생각을 처음 한 사람은 독일 출신으로 영국과 미국에서 활동했던 레오 실라르드였다. 실라르드는 당시 원자핵의 최고 권위자였던 러더퍼드가 라디오 방송에서 원자핵 에너지를 이용하려는 것은 달빛을 이용하려는 것이나 마찬가지라고 한 말을 들었다. 그러나 그는 수많은 원자핵들이 연쇄적으로 핵분열하면 엄청난 에너지가 나올 수 있을 것이라 생각하고, 우라늄의 핵분열이 밝혀지기도 전인 1933년에 영국 해군에 원자폭탄 특허를 신청하기도 했다.

1930년대 말부터 유럽에 제2차 세계대전의 전운이 감돌자, 나치 정권을 피해 미국으로 온 과학자들은 독일이 먼저 원자폭탄을 만들지도 모른다고 염려하기 시작했다. 원자폭탄의 위력을 잘 알고 있었던 실라르드는 미국이 독일보다 먼저 원자폭탄을 개발하도록 하기 위해 정치가들에게 영향을 행사할 수 있는 아인슈타인의 도움을 받기로 했다. 이 문제를 의논하기 위해 아인슈타인을 두 번이나 방문했던 실라르드는 아인슈타인을 설득해 루즈벨트 대통령에게 원자폭탄 개발을 권고하는 편지에 서명하도록 했다. 실라르드의 권유를 받아들인 아인슈타인은 1939년 8월 2일에 루즈벨트 대통령에게 보내는 편지에 서명했다.

이 편지는 대통령의 고문이었던 경제학자 알렉산더 작스를 통해 독일이 폴란드를 침공한 후인 10월 11일 루즈벨트 대통령에게 전달되었다. 바로 그날 저녁 루즈벨트 대통령은 원자폭탄의 가능성을 조사하는 위원회를 설치하라고 지시했다. 아인슈타인도 이 위원회에 참여할 것을 요청 받았으나 참여하지 않았다. 이렇게 하여 원자폭탄을 만드는 일이 시작되었다.

1941년 12월 6일에는 새로운 정부위원회가 원자폭탄을 만드는 프로젝트를 위해 자금을 지원하는 문제를 검토했다. 원자폭탄을 만드는 프로젝트는 맨해튼 프로젝트라는 암호명으로 불려졌다. 원자핵 물리학을 비롯한 다양한 분야의 물리학자들과 수학자들이 비밀리에 이 프로젝트에 참가했다. 비밀을 유지하기 위해 미국 육군은 뉴멕시코 주의 생그레드 크리스토 산중에 있는 해발 2100미터 고지의 로스 알라모스에 새로운 연구소를 설립했다.

원자폭탄이 완성된 것은 독일이 항복한 후인 1945년 7월 16일이었다. 맨해튼 계획에 참가했던 과학자들은 이날 5시 30분에 알라모스에서 340킬로미터 남쪽에 있는 알라모고도 원자폭탄 시험장에서 플루토늄 원자폭탄의 폭발 실험을 했다. 우라늄으로 만든 원자폭탄이 일본의 히로시마에 투하된 것은 그로부터 20일 후인 1945년 8월 6일이었다. 플루토늄으로 만든 두 번째 원자폭탄이 나가사키에 투하된 것은 그보다 3일 후인 8월 9일이었다.

원자폭탄이 개발된 후 아인슈타인은 미국과 소련 사이에서 벌어진 핵무기 개발 경쟁에 대해 우려를 표명했으며, 핵의 위협으로부터 세계를 보호할 세계 정부를 수립해야 한다고 주장하기도 했다. 그는 1950년 1월 31일 미국의 트루먼 대통령이 수소폭탄 개발을 결정했을 때에도 이에 대해 강력하게 반대했다.

• 1945년 7월 16일 미국 알라모고도에서 있었던 최초의 원자폭탄 폭발 실험 장면(출처: 미국방부).

8장

일반상대성이론

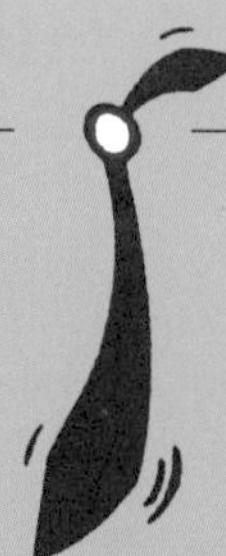

등가원리가 안내하는
또 다른 세상

계속되고 있는 피사의 사탑 실험

● 갈릴레이가 낙하실험을 했다고 전해지는 피사의 사탑

갈릴레이가 피사의 사탑에서 무거운 물체와 가벼운 물체를 떨어뜨려 두 물체가 동시에 떨어진다는 것을 증명했다는 것은 널리 알려진 이야기이다. 그러나 실제로 갈릴레이가 이런 실험을 했다는 기록은 어디에서도 발견되지 않았다. 갈릴레이의 제자이며 전기 작가였던 비니아니라는 사람이 쓴 갈릴레이의 전기에 이 실험에 관한 내용이 실려 있는 것으로 보아 피사의 사탑 실험은 비니아니가 만들어낸 이야기일 가능성이 크다.

무거운 물체가 가벼운 물체보다 더 빨리 떨어진다고 설명한 고대 과학에 최초로 의문을 제기한 사람은 6세기 비잔티움에서 활동했던 존 필로포누스였다. 그는 "같은 높이에서 무게가 다른 두 물체가 낙하하는 데 걸리는 시간이 물체의 무게에 관계없이 거의 같다"는 기록을 남겼다. 그가 실제로 실험을 하여 이런 결론을 얻었는지는 확실하지 않다.

물체의 낙하실험을 처음 한 사람은 네덜란드의 수학자이며 물리학자였던 플레미쉬 스테빈이었다. 그는 1586년에 "질량이 10배나 차이가 나는 납으로 된 두 개의 구를 30피트 높이에서 바닥으로 떨어뜨리면 두 개의 구가 거의 동시에 떨어져 바닥에 닫는 소리가 하나로 들린다"라는 기록을 남겼다. 얼마 후 갈릴레이도 무거운 물체와 가벼운 물체가 거의 동시에 땅에 떨어진다는 기록을 남겼다. 그러나 갈릴레이는 이 낙하실험을 피사의 사탑에서 했다는 이야기를 하지는 않았다.

갈릴레이는 『새로운 두 과학에 대한 대화』라는 책에서 무거운 물체가 가벼운 물체보다 빨리 떨어진다는 것은 논리적으로 모순이 된다고 설명하기도 했다. 그는 무거운 물체가 더 빨리 떨어지는 경우 가벼운 물체와 무거운 물체를 묶어서 던지면 어떻게 되겠느냐고 물었다. 무거운 물체와 가벼운 물체를 묶어 놓으면 더 무거워지므로 더 빨리 떨어진다고 할 수도 있고, 무거운 물체와 가벼운 물체의 중간 속력으로 떨어진다고 할 수도 있다고 지적하고, 서로 다른 결과가 논리적으로 정당한 것은 무거운 물체가 더 빨리 떨어진다는 가정이 잘못되었기 때문이라고 했다.

갈릴레이는 금, 납, 구리, 돌 등 다양한 물질로 만든 물체를 경사면을 통해 굴러내리는 낙하실험을 했으며 진자를 이용해서도 낙하실험을 했다. 이런 실험을 통해 그는 마찰력을 완전히 없애버린다면 모든 물체가 같은 속력으로 떨어질 것이라고 했다.

그 후 많은 사람들이 중력질량과 관성질량이 같은 지를 알아보기 위해 정밀한 낙하실험을 했다. 문제는 오차였다. 모든 측정에는 오차가 따르게 마련이다. 과학자들은 정밀한 실험을 통해 오차를 줄이기 위해 노력했다. 뉴턴도 그런 사람들 중의 한 사람이었다. 뉴턴은 갈릴레이의 진자 실험을 발전시켜 실험 오차를 0.1%까지 줄였다. 다시 말해 소수점 아래 세 자리까지 측정을 해도 중력질량과 관성질량이 같다는 것을 밝혀낸 것이다.

헝가리 출신의 물리학자 로란드 에오트보는 비틀림 저울을 이용하여 뉴턴의 진자보다 정밀도를 100만 배나 높여 오차를 10억분의 5 이내로 줄였다. 비틀림 저울을 이용한 방법은 지구상에서 행한 실험 중에서 가장 정밀한 실험이었다. 이제 소수점 아래 아홉째 자리까지 비교해도 중력질량과 관성질량이 같다는 것을 알게 된 것이다.

그러나 지구상에서의 실험으로는 정밀한 결과를 얻는 데 한계가 있었다. 따라서 더 정밀한 실험을 위해 지구 궤도를 돌고 있는 인공위성에서도 낙체 실험이 계속되었다. 정밀한 낙체 실험이라고 할 수는 없었지만 1971년 아폴로 15호의 우주인이었던 데이브 스코트는 달 표면 위에서 망치와 깃털을 떨어뜨리는 실험을 했다. 전 세계 시청자들이 지켜보는 가운데 그는 어깨 높이에서 망치와 깃털을 떨어뜨렸고, 두 물체는 동시에 달 표면에 떨어졌다. 스코트는 "갈릴레이는 옳았습니다"라고 소리쳤다. 그것은 실험이라기보다는 과학 쇼라고 할 수 있는 것이었지만 많은 사람들에게 강렬한 인상을 심어주기에 충분했다.

1970년대에는 아폴로 우주선이 달에 설치해 놓은 거울에 레이저를 반사시키는 실험을 통해 달의 중력가속도를 측정하고 지구와 달이 10조분의 3의 오차 한계 내에서 달의 중력질량과 관성질량이 같다는 것을 확인했다. 달의 중력가속도 측정은 달을 이용한 낙체 실험이라고 할 수 있다. 이 밖에도 인공위성을 이용한 더 정밀한 낙체 실험이 여러 번 실시되었다.

이미 확실하게 다 밝혀진 물체의 낙하실험을 이렇게 정밀하게 계속하는 이유는 무엇일까? 그리고 이 실험은 일반상대성이론과 어떤 관계가 있을까?

무겁거나 가벼운 물체가 같은 속도로 땅에 떨어진다는 것은 매우 중요한 사실입니다. 1500년대와 1600년대 과학자들이 실험을 통해 처음 이런 사실을 알아냈습니다. 그 후 과학자들은 이것을 확인하기 위해 많은 정밀 실험을 했습니다. 과학자들은 소수점 아래 13자리까지 중력질량과 관성질량을 측정해 비교해도 중력질량과 관성질량이 같다는 것을 알아냈습니다. 아인슈타인은 중력질량과 관성질량이 같다는 것을 일반상대성이론의 출발점으로 삼았습니다.

등가원리

서로 다른 관성계에서 측정한 물리량 사이에 어떤 관계가 있는지를 다룬 특수상대성이론을 완성한 아인슈타인은 이제 속도가 달라지고 있는 기준계에 대해 생각하기 시작했다. 속도가 달라지고 있는 기준계를 가속계라고 부르고, 가속계에서 일어나는 일들을 다루는 이론이 일반상대성이론이다. 가속계를 다룬 이론을 일반상대성이론이라고 부르는 이유는 일정한 속력으로 달리고 있는 관성계보다는 가속계가 더 일반적인 경우이기 때문이다.

가속계를 어떻게 다룰 것인지를 놓고 고심하고 있던 아인슈타인은 어떤 사람이 지붕에서 일을 하다 떨어질 때 순간적으로 공중에 붕 떠서 무중력 상태를 느꼈다는 이야기를 듣고서는 그가 가장 즐거운 상상이라고 부르는 사고실험을 시작했다. 그는 지붕에서 떨어지는 것을 상상했다. 지붕에서 떨어질 때 주변에 있던 물건들도 같이 떨어진다. 떨어지면서 보면 같이 떨어지고 있는 주변의 물건들이 정지해 있는 것처럼 보이고 중력이 사라진 것 같은 편안한 상태를 느낀다.

자유낙하를 하고 있던 사람이 중력을 느끼지 못하고 주변의 물체가 정지해 있는 것처럼 느낀 것은 갈릴레이의 낙하실험 결과 때문이다. 다시 말해 무거운 물체나 가벼운 물체가 똑같은 속력으로 떨어지는 것과 자유낙하할 때 편안하게 느끼는 것은 밀접한 관계가 있다. 무거운 물체나 가벼운 물체가 같은 속력으로 떨어지는 이유는 중력질량과 관성질량이 같기 때문이다.

뉴턴역학을 설명하는 부분에서 우리는 관성질량과 중력질량에 대해 이야기했다. 중력질량은 중력, 즉 $F_g = m_g g$(F_g는 중력을 나타냄)을 계산할 때 사용되는 질량이고, 관성질량은 가속도의 법칙, $F = m_i a$에 포함되어 있는 질량이다. 자유낙하하고 있는 경우에는 물체에 작용하는 힘이 중력뿐임으로 $m_g g = m_i a$가 된다. 만약 중력질량과 관성질량이 같으면, 즉 $m_g = m_i$이면 모든 물체의 가속도는 질량에 관계없이 항상 g가 된다. 따라서 서로 반대 방향으로 작용하는 관성력과 중력의 크기가 같아져 서로 상쇄되기 때문에 힘이 작용하지 않는 것과 같은 상태가 되는 것이다.

왜 관성질량과 중력질량이 같을까? 이 두 가지 질량이 같아야 할 이유는 없다. 단지 지금까지의 수많은 실험을 통해 두 가지 질량이 같은 값을 갖는다는 것을 알아냈을 뿐이다. 아인슈타인은 중력질량과 관성질량이 같다는 실험결과를 일반상대성이론의 출발점으로 삼았다. 따라서 관성질량과 중력질량이 다르다는 것이 밝혀진다면 일반상대성이론은 근거를 잃게 된다. 앞으로 우주 공간에서의 정밀한 실험을 통해 중력질량과 관성질량이 약간의 차이라도 있다는 것이 밝혀진다면 일반상대성이론은 엄밀한 이론이 아니라 근사적인 이론이 될 것이다. 갈릴레이 시대로부터 500년이 지난 지금도 이 실험을 계속하고 있는 것은 이 때문이다.

아인슈타인은 중력질량과 관성질량이 같다는 실험결과를 중력이 작용하고 있는 기준계와 가속되고 있는 가속계가 물리적으로 동등하다는 등가원리로 격상시켰다. 다시 말해 밖을 내다볼 수 없는 우주선 안에서는 어떤 실험을 해도 우주선이 가속되고 있는지, 우주선 아래쪽에 있는 천체에 의해 중력이 작용하고 있는지 알 수 없다는 것이다.

등가원리

1. 중력이 작용하는 계와 가속되고 있는 계는 물리적으로 동등하다.

2. 내부에서의 실험만으로 중력이 작용하고 있는지 가속도로 움직이고 있는지 알 수 없다.

a의 가속도로 가속되고 있는 계에서는 가속도와 반대 방향으로 ma의 관성력이 작용하고 있고, 중력이 작용하는 기준계에서는 mg의 중력이 작용하고 있다. 그런데 관성질량과 중력질량이 같고 가속도의 크기가 중력가속도와 같으면 두 가지 힘이 같아져 두 가지를 구별하는 것이 가능하지 않다는 것이다.

중력이 작용하고 있는 계와 가속되고 있는 계가 물리적으로 동등하므로 가속계를 이용하여 분석한 결과는 같은 중력이 작용하고 있는 계에 적용할 수 있고, 반대로 중력이 작용하고 있는 계에서의 실험을 통해 알아낸 결과를 가속계에도 적용할 수 있다.

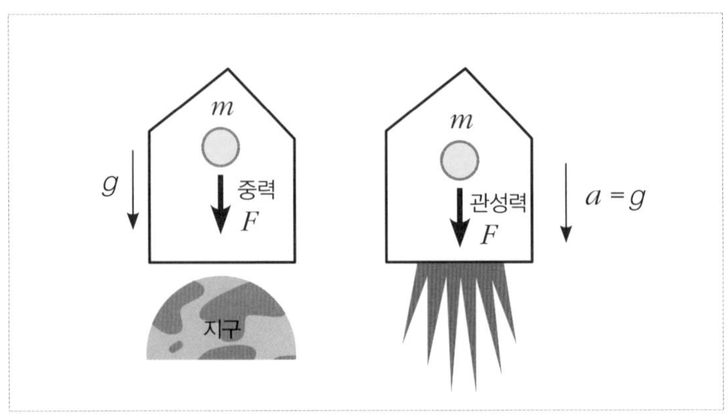

● 가속도와 중력가속도의 크기가 같은 경우 중력이 작용하는 기준계와 가속되고 있는 가속계는 물리적으로 동등하다.

등가원리와 특수상대성이론을 이용하면 중력이 시간의 흐름에 어떤 영향을 주는지, 그리고 질량 부근의 공간이 어떻게 휘어져 있는지를 알아낼 수 있다.

난 등가원리라는 말이
마음에 들지 않아. 무슨 값이 같다는 건지.
그리고 이게 일반상대성이론의 기초가
된다는 것도 이해가 안 돼.

영어를 그대로 번역하면
동등의 원리라고 할 수도 있지만
그게 중요한 것은 아니지. 내용을 정확히
이해하기만 하면 되니까.

중력이 작용하는 경우의 관성계

일반상대성이론에 대한 본격적인 이야기를 하기 전에 우선 중력이 작용하는 경우와 가속도가 있는 경우 어떤 것이 관성계인지에 대해 생각해보기로 하자. 특수상대성이론을 이야기하면서 우리는 일정한 속도로 달리고 있는 계를 관성계라고 했다. 특수상대성이론에서는 중력이 작용하는 계를 다루지 않으므로 관성계를 그렇게 정의해도 문제가 되지 않는다. 그러나 중력이 작용하는 경우에는 관성계를 그렇게 정의할 수 없다.

중력이 작용하는 경우까지도 포함하기 위해서는 관성계를 관성의 법칙이 적용되는 계라고 정의해야 한다. 관성의 법칙이 적용된다는 것은 외부에서 힘을 가하지 않는 한 물체가 운동 상태를 바꾸지 않는 계이다. 다시 말해 외부에서 힘을 가하지 않으면 정지해 있던 물체가 계속 정지해 있는 계이다.

중력이 작용하지 않는 경우 일정한 속도로 달리는 계에서는 관성의 법칙이 적용된다. 따라서 새로운 정의에 의해서도 특수상대성이론에서 다룬 관성계는 아직도 관성계이다. 그러나 중력이 작용하는 경우에는 이야기가 달라진다. 지구에 대해 정지해 있는 엘리베이터를 생각해 보자. 엘리베이터에는 중력이 작용하고 있다. 따라서 엘리베이터 안에서 물체를 놓으면 아래로 떨어진다. 이것은 엘리베이터 안에서는 중력으로 인해 관성의 법칙이 성립하지 않는다는 것을 뜻한다.

그러나 엘리베이터가 자유낙하하고 있는 경우 모든 물체가 같은 가속도로 떨어지고 있어 물체를 놓아도 물체는 떨어지지 않고 공중에 떠 있다. 다시 말해 자유낙하하고 있는 엘리베이터 안에서는 관성의 법칙이 성립한다.

따라서 정지해 있는 엘리베이터가 관성계가 아니라 자유낙하하고 있는 엘리베이터가 관성계이다. 자유낙하하고 있는 기준계에서 보면 중력과 관성력이 상쇄되어 아무런 힘이 작용하지 않는 것으로 관측되기 때문이다. 지구 표면에 살고 있어 지구 중력을 벗어날 수 없는 우리는 관성계를 체험하는 것이 쉽지 않다.

그러나 불가능한 것은 아니다. 관성계를 체험한다는 것은 무중력을 체험한다는 것과 같다. 엘리베이터를 타고 엘리베이터 줄을 끊어 엘리베이터를 자유낙하시키는 것도 무중력을 체험하는 한 가지 방법이 될 수 있다. 그러나 그것은 무중력 체험 시간이 짧을 뿐만 아니라 큰 사고로 이어질 것이기 때문에 실제로 해볼 수 있는 실험이 아니다.

더 좋은 방법은 비행기를 타고 높은 곳에 올라가 자유낙하하는 것이다. 실제로 비용을 지불하면 이런 체험을 해주는 곳이 있다. 비행기가 자유낙하를 시작하면 사람을 비롯한 모든 것이 중력에서 벗어나 둥둥 떠오르게 된다. 이것이 관성계이다. 그러나 중력이 작용하고 있는 지구 기준계에서 보면 비행기는 중력가속도로 낙하하고 있다.

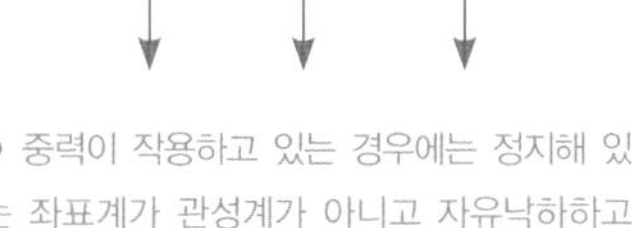

● 중력이 작용하고 있는 경우에는 정지해 있는 좌표계가 관성계가 아니고 자유낙하하고 있는 계가 관성계이다.

지구 궤도를 돌고 있는 인공위성의 내부도 무중력 상태이다. 인공위성이 지구로부터 멀리 떨어져 있어 중력이 약해져 무중력 상태가 된 것이 아니라 지구를 도는 원심력(원심력도 관성력이다)과 지구의 중력이 상쇄되기 때문이다. 따라서 인공위성도 관성의 법칙이 성립하는 관성계이다.

중력에 의한 시간의 지연

아인슈타인은 특수상대성이론에서 유도한 로렌츠 변환식을 이용하여 가속도가 있는 계, 즉 중력이 작용하는 계에서 위치에너지에 따라 시간이 어떻게 다르게 가는지를 보여주었다. 여기에서는 계산 과정은 생략하고 중력에 의해 시간이 어떻게 다르게 측정되는지에 대해서만 알아보기로 하자.

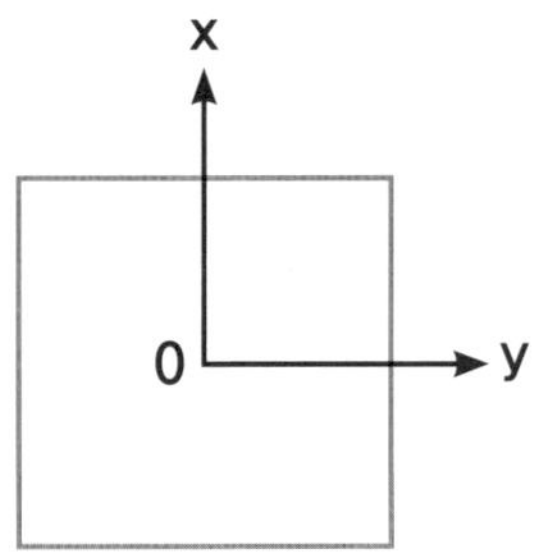

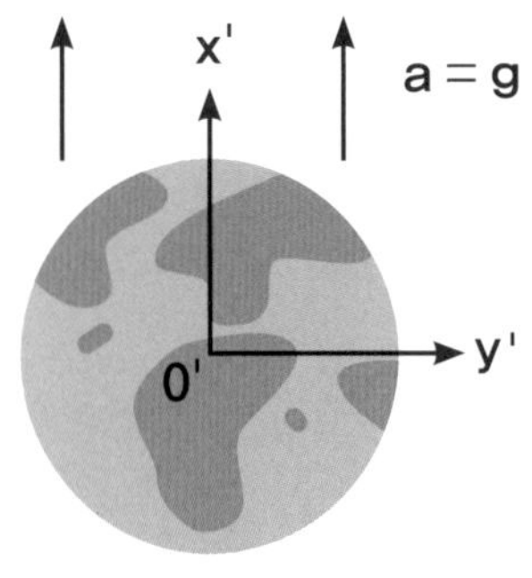

● 자유낙하하고 있는 *oxy* 좌표계와 지구에 고정되어 있는 *o'x'y'* 좌표계

지구를 향해 자유낙하하고 있는 우주선에 고정된 좌표계와 지구에 고정된 좌표계를 생각해보자. 여기서는 지구에 고정된 좌표계가 관성계가 아니라 자유낙하하고 있는 좌표계가 관성계이다. 지구에 고정된 좌표계는 중력이 작용하고 있는 계이므로 관성계가 아니다. 지구를 향해 자유낙하하고 있는 우주선에서 볼 때는 지구가 g의 가속도로 상승하고 있는 것으로 관측된다.

자유낙하하고 있는 관성계에서 볼 때 지구상에서 높은 곳에 있는 지점은 천천히 다가오고 낮은 곳에 있는 지점은 빠르게 다가온다. 다시 말해 중력이 약한 지점은 천천히 다가오고 중력이 강한 지점은 빠르게 다가온다. 특수상대성이론에 의하면 속력이 빠르면 시계가 천천히 간다. 따라서 관성계에서 볼 때 중력이 강한 곳에 있는 시계는 중력이 약한 곳에 있는 시계보다 천천히 간다.

이 결과를 지상에 있는 시계와 인공위성에 실려 있는 시계에 적용해보자. 중력이 강한 지상에 정지해 있는 시계는 중력이 약한 높은 고도에 떠 있는 인공위성의 시계보다 천천히 간다. 이때 두 시계가 측정한 시간 차이의 크기를 결정하는 것은 두 지점의 중력에 의한 위치에너지의 차이이다.

중력에 의한 시간지연의 결과로 나타나는 현상 중 하나가 중력에 의한 편이 현상이다. 중력 적색편이는 강한 중력이 작용하는 곳에서 방출된 전자기파를 중력이 약한 곳에서 관찰하면 원래보다 파장이 긴 전자기파로 관측되는 현상을 말한다.

중력이 강한 곳에서는 시간이 천천히 가기 때문에 전자기파가 한 번 진동하는 데 걸리는 시간이 길어진다. 한 번 진동하는 데 걸리는 시간이 길면, 1초 동안에 몇 번 진동하는지를 나타내는 진동수가 감소하고, 진동수가 감소하면 진동수에 반비례하는 파장이 길어진다. 백색왜성과 같이 중력이 큰 천체가 내는 스펙트럼의 적색편이를 조사하면 중력에 의한 시간지연이 나타나는 것을 알 수 있다. 반대로 중력이 약한 곳에서 방출된 빛을 중력이 강한 곳에서 관측하면 파장이 짧아지는 청색편이가 나타난다.

지구 궤도에 올라가 지구를 돌고 있는 인공위성들과 통신을 하는 경우에는 중력에 의한 시간지연 효과를 감안해야 한다. 지표면보다 중력이 약한 지구 궤도를 돌고 있는 인공위성에 실려 있는 시계는 지상에 있는 시계보다 빨리 간다. 지상에 있는 시계와 인공위성에 있는 시계를 정확하게 맞추어 놓아도 시간이 지나면 다시 틀려진다. 따라서 정기적으로 두 시계를 맞추어 놓아야 지상과 인공위성 사이에 정확한 정보교환이 가능하다.

쌍둥이 역설

상대성이론 이야기를 하다보면 빠짐없이 등장하는 것이 쌍둥이 역설이다. 같은 날 태어난 두 쌍둥이 형제가 한 사람은 우주 비행사가 되었고, 한 사람은 작가가 되었다. 25살이 되는 생일날 우주 비행사가 된 쌍둥이가 빠르게 달리는 우주선을 타고 우주여행을 떠났다. 우주선을 타고 여행을 하던 쌍둥이가 10년 후 우주여행을 끝내고 다시 집으로 돌아왔다면, 두 쌍둥이 중에서 누가 나이를 더 먹었을까?

일정한 속력으로 우주여행을 하고 있는 동안에는 특수상대성이론에 의한 시간지연이 나타난다. 따라서 지구에 있던 쌍둥이가 볼 때는 우주여행을 하고 있는 쌍둥이가 나이를 덜 먹고, 우주여행을 하고 있는 쌍둥이가 볼 때는 지구가 뒤로 달리고 있었으므로 지구의 쌍둥이가 나이를 덜 먹는다. 두 사람은 서로 다른 관성계에 있었으므로 나이를 서로 다르게 측정한 것이다. 따라서 일정한 속력으로 달리고 있는 동안에는 누가 더 나이를 먹었는지 결정할 수 없다. 두 쌍둥이가 다르게 측정하고, 그것은 각각의 쌍둥이에게 사실이기 때문이다.

그렇다면 우주여행을 하고 있던 쌍둥이가 우주여행을 마치고 지구로 돌아왔을 때는 누가 나이를 덜 먹었을까? 우주여행을 하고 있던 쌍둥이가 지구로 돌아오기 위해서는 달리던 속력을 줄인 다음 다시 반대 방향으로 속력을 높여야 하고, 지구 부근에 와서는 속력을 줄여 지구에 착륙해야 한다. 다시 말해 우주여행을 하던 쌍둥이는 항상 같은 관성계에만 있었던 것이 아니라 가속계를

● 우주여행을 하고 있던 쌍둥이가 지구로 돌아오기 위해 가속하는 동안 시간이 천천히 가기 때문에 우주여행을 한 쌍둥이가 나이를 덜 먹는다.

거쳐야 한다. 일반상대성이론에 의하면 가속계, 즉 중력이 작용하는 계에서는 시간이 천천히 간다. 따라서 우주여행을 하고 돌아온 쌍둥이가 나이를 적게 먹는다. 우주여행 시대가 되어 우주 철도국에 취직을 하게 되면 역에서 근무하는 것보다는 우주선을 타고 여행하는 직책에서 근무하는 것이 나이를 천천히 먹는 방법이다.

휘어진 공간

중력에 의한 시간지연 외에 일반상대성이론의 또 다른 중요한 효과는 질량에 의해 시공간이 휘어진다는 것이다. 3차원 공간에 살고 있는 우리는 2차원 평면이 휘어진다는 것을 쉽게 이해할 수 있다. 평평한 종이를 휘어보면 휘어진 평면을 눈으로 확인할 수 있다. 그러나 3차원 공간이 휘어져 있다는 것을 이해하기는 쉽지 않다. 3차원 공간이 휘어진 것을 보기 위해서는 3차원보다 높은 차원에서 보아야 하는데 우리는 3차원보다 높은 차원을 인식할 수 없기 때문이다.

그러나 수학적으로는 휘어진 평면을 다루는 방법을 연장하여 휘어진 공간을 다룰 수 있다. 이와 관련된 수학은 조금 더 복잡하므로 여기서는 공간이 휘어졌다는 것을 어떻게 알게 되었는지에 대한 개념적 설명만 할 예정이다.

가속계와 중력계가 물리적으로 동등하다는 등가원리에 의하면 가속되고 있는 기준계와 중력이 작용하는 기준계에서는 똑같은 일이 일어난다. 따라서 중력이 작용하고 있는 공간에서 빛이 어떻게 행동하는지 알아보기 위해서는 가속되고 있는 공간에서 빛이 어떻게 행동하는지 알아보면 된다. 이제 다시 우주 공간에 떠 있는 밀폐된 우주선으로 돌아가보자.

우주선의 한쪽 벽에는 빛이 들어올 수 있는 작은 창문이 나 있다. 우주선이 정지해 있으면 창문으로 들어온 빛은 우주선을 똑바로 가로질러 건너간 다음 반대편 벽 같은 높이에 도달할 것이다. 그러나 우주선이 일정한 속력으로 위쪽으로 달리고 있으면 창문으로 들어온 빛은 우주선을 비스듬하게 가로질러 반대편 벽 아래쪽에 도달할 것이다. 이 경우 빛이 지나간 경로는 직선이 될 것이다.

이번에는 우주선이 위쪽을 향해 일정한 가속도로 위로 올라가고 있는 경우에 대해 생각해보자. 이 경우에도 빛이 반대편 벽 아래쪽에 도달할 것이다. 그러나 우주선이 가속도를 가지고 달리고

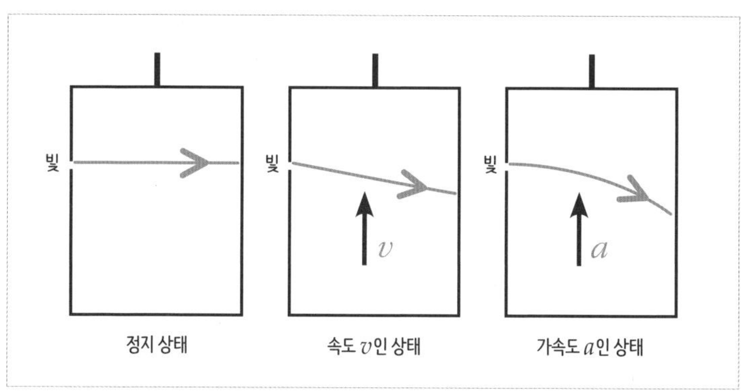

● 우주선의 상태에 따라 빛의 경로가 달라진다.

있으므로 빛이 지나간 자리는 직선이 아니라 포물선이 된다. 빛이 똑바로 지나가지 않고 휘어져 가는 것이다.

그렇다면 중력이 작용하고 있는 공간에서도 빛이 휘어져 지나가야 한다. 빛이 휘어가는 것을 어떻게 설명해야 할까? 아인슈타인은 빛이 휘어가는 것은 질량 주변의 공간이 휘어져 있기 때문이라고 설명했다. 그리고 이 휘어진 공간으로 인해 질량 사이에 서로 잡아당기는 중력이 작용한다고 했다. 이것은 뉴턴역학과는 전혀 다르게 중력을 설명한 것이다.

뉴턴은 멀리 떨어져 있는 물체 사이의 원격작용에 의해 중력이 작용한다고 설명했다. 원격작용에 의하면 아무것도 없는 공간을 통해 즉각적으로 힘이 작용한다. 그러나 아인슈타인은 질량이 주변 공간을 휘어지게 하고, 이 휘어진 공간으로 인해 중력이이 작용하게 된다는 것이다. 일반성대성이론을 새로운 중력이론이라고 하는 것은 이 때문이다.

따라서 어떤 점에서 중력의 세기는 그 지점의 공간이 얼마나

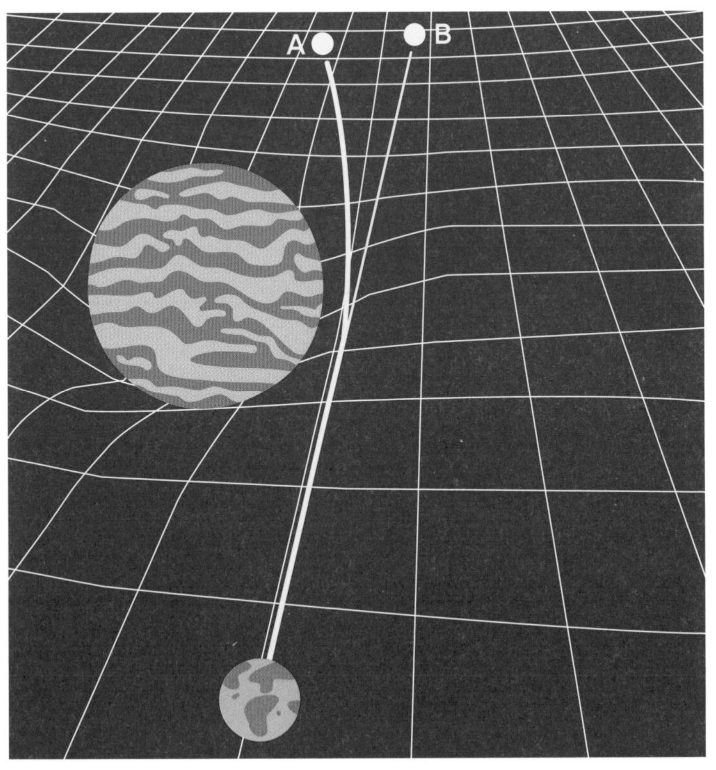

● 별에서 오는 빛이 태양 주위의 휘어진 공간을 통과하면서 굽어서 진행한다.

휘어졌느냐에 의해 결정되는데 공간의 휘어진 정도를 나타내는 것을 곡률이라고 부른다. 어떤 점의 중력의 세기는 그 지점의 곡률에 의해 결정된다고 할 수 있다. 질량이 공간을 휘게 하고, 휜 공간이 물체의 운동에 영향을 주는 것을 가리켜 어떤 물리학자는 "질량은 공간이 어떻게 휠 것인지를 이야기해 주고, 휜 공간은 질량이 어떻게 행동할 것인지를 말해준다"라고 표현했다.

아인슈타인이 제안한 새로운 중력이론은 중력이 약한 곳에서는 뉴턴역학의 중력과 같은 값을 나타낸다. 그러나 중력이 강한 곳에서는 뉴턴역학의 예측과 다른 값을 나타낸다. 따라서 새로운 중력이론이 뉴턴의 중력이론보다 더 정확하다는 것을 증명하기 위해서는 중력이 강한 곳에서 실험해 보아야 했다. 일반상대성이론에 대한 여러 가지 실험에 대해서는 다음 장에서 자세하게 다룰 예정이다.

일반상대성이론과 우주

아인슈타인의 새로운 중력이론은 우주의 구조를 분석하는 이론이 되었다. 일반상대성이론을 이용하여 처음으로 우주의 구조를 분석한 사람 역시 아인슈타인이었다. 우주에는 별, 행성, 은하, 은하단과 같은 여러 가지 천체들로 이루어진 복잡한 구조들이 있다. 우주의 구조를 분석하기 위해 이들의 분포를 모두 알아야 한다면 우주의 구조를 연구하는 것이 불가능할 것이다. 그러나 아인슈타인은 우주의 구조를 연구하기 위해 우주 원리를 적용했다.

은하단과 같은 아주 큰 구조마저도 작은 점들로 취급할 수 있는 아주 큰 규모에서 보면 우주의 모든 부분이 균일하고, 모든 방향의 물리적 성질이 동일하다는 것이 우주 원리이다. 일반상대성이론을 바탕으로 우주의 구조를 분석한 아인슈타인은 우주가 정적인 상태가 아니라 팽창하거나 수축하는 동적인 상태에 있어야 한다는 것을 알게 되었다.

그러나 아인슈타인은 우주가 정적인 상태에 있어야 한다고 믿고 있었기에 자신의 방정식에 우주를 정적인 상태에 있을 수 있

게 하는 우주상수라고 하는 항을 추가했다. 우주상수는 중력 작용에 반대로 작용하는 반중력을 나타내는 항이었다. 그러나 후에 관측을 통해 우주가 팽창하고 있다는 것이 밝혀져 우주상수가 필요 없게 되었다. 훗날 아인슈타인은 자신의 방정식에서 우주상수를 추가한 것은 자신의 가장 큰 실수였다고 말했다.

그러나 20세기 말에 우주의 팽창이 점점 빨라지고 있다는 관측 증거들이 발견되면서 중력과 반대 방향으로 작용하는 힘을 나타내는 우주상수가 필요하다는 것을 알게 되었다. 우주는 새롭게 도입된 우주상수로 인해 팽창 속력이 점점 빨라지고 있다.

중력에 의해 공간이 휘어진다는 일반상대성이론은 블랙홀을 탄생시킨 이론이기도 하다. 일반상대성이론에 의하면 밀도가 아주 커지면 공간의 곡률도 매우 커져 빛마저도 빠져나올 수 없는 천체가 된다. 이런 천체가 블랙홀이다. 블랙홀 중에는 커다란 별의 마지막 단계에 만들어지는 블랙홀과 은하 중심에 자리 잡고 있는 거대 블랙홀이 있다.

큰 질량을 가지고 있는 별들은 일생의 마지막 단계에 초신성 폭발을 하게 되는데, 이때 많은 질량을 공간으로 날려버리고 남은 핵을 이루고 있던 질량이 충분히 크면 중력에 의해 붕괴되면서 블랙홀이 만들어진다. 태양 질량의 수십만 배나 되는 큰 질량을 가지고 있는 은하 중심에 있는 거대 블랙홀은 은하의 형성 과정에 중요한 역할을 했을 것으로 보인다.

일반상대성이론에 의하면 중력이 강한 지구 표면에 있는 시계보다는 중력이 약한 인공위성에 있는 시계가 더 빨리 간다. 그러나 인공위성은 빠른 속력으로 지구 주위를 돌고 있으므로 특수상대성이론에 의해 지구상에 정지해 있는 시계보다 인공위성에 실려 빠르게 달리고 있는 시계가 천천히 간다. 따라서 인공위성에 있는 시계와 지상의 시계를 비교하기 위해서는 특수상대성이론에 의한 시간지연과 일반상대성이론에 의한 시간지연을 함께 고려해야 한다.

지상 약 350킬로미터 상공에서 지구 주위를 돌고 있는 국제우주정거장처럼 저고도 위성들은 매우 빠른 속력으로 돌고 있기 때문에 특수상대성이론에 의한 시간지연이 훨씬 더 크게 나타난다. 따라서 지상에 있는 시계보다 국제우주정거장에 있는 시계가 더 느리게 간다. 그러나 지구 반지름과 같은 고도에서 지구를 돌고 있는 인공위성에서는 특수상대성이론에 의한 시간지연과 일반상대성이론에 의한 시간지연 효과

상쇄되어 시간지연 효과가 나타나지 않는다.

하지만 우리가 일상생활에서 가장 많이 사용하고 있는 지상 약 2만200킬로미터 상공에서 지구를 돌고 있는 GPS 위성이나 지상 약 3만5800킬로미터 상공에서 지구를 돌고 있는 통신위성에서는 일반상대성이론에 의한 시간지연 효과가 더 크게 나타나 지상에 있는 시계보다 천천히 간다.

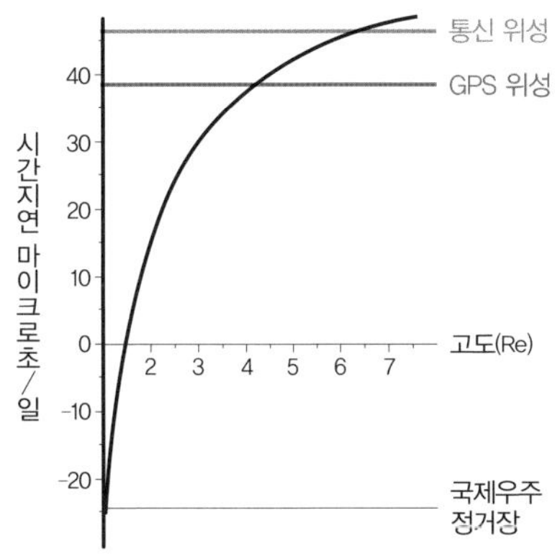

● 인공위성의 고도에 따른 시간지연 효과. 이 그래프는 특수상대성이론과 일반상대성이론의 효과를 합한 결과이다.

우리가 사용하는 GPS 시스템은 적어도 4개 이상의 GPS 위성이 발사하고 있는 신호를 받아 우리의 위치를 계산해낸다. 따라서 GPS 위성이 보내는 신호를 이용해 자신의 위치를 정확하게 알아내려면 내가 가지고 있는 시계와 GPS 위성의 시간이 정확하게 일치해야 한다.

그런데 GPS 위성에 있는 시계는 일반상대성이론의 효과에 의해 하루에 약 39마이크로초 정도 느리게 간다. 따라서 상대성이론에 의한 시간 보정을 해주지 않으면 GPS 시스템의 오차가 커져 쓸모없게 된다. 이것은 일반상대성이론이 우리 생활과도 직접 관련이 있다는 것을 나타내는 중요한 예이다.

9장

일반상대성이론의 증명

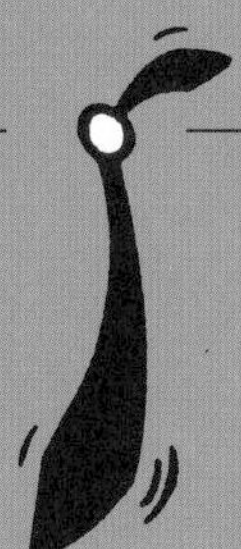

일반상대성이론은
충분히 증명되었을까?

수성의 이상한 행동

아인슈타인이 제안한 새로운 중력이론인 일반상대성이론이 옳은지를 판단하는 것은 이론이나 수학적 계산이 얼마나 정확한가 하는 것으로 판가름나지 않는다. 새로운 이론이 옳다는 것을 인정받기 위해서는 이 이론이 예측하고 있는 결과를 지지해주는 관측이나 실험결과가 필요하다.

그러나 일반상대성이론과 뉴턴의 중력이론은 지구와 같이 중력이 강하지 않은 곳에서는 같은 예측을 하기 때문에 지구상의 실험으로는 두 이론의 우열을 가릴 수 없다. 아인슈타인에게는 자신의 이론을 증명할 수 있는 강한 중력이 필요했다. 태양계에서는 태양 부근이야말로 중력이 가장 강한 곳이다. 태양은 지구 질량의 33만3000배나 되는 질량을 가지고 있다. 따라서 태양 부근은 일반상대성이론을 시험해 보기에 가장 좋은 장소이다.

아인슈타인은 태양에서 가장 가까운 거리에서 태양을 돌고 있는 수성의 행동을 조사하면 자신의 이론이 옳다는 증거를 찾을 수 있을 것이라고 생각했다. 수성의 행동을 조사하던 아인슈타인은 천문학자들

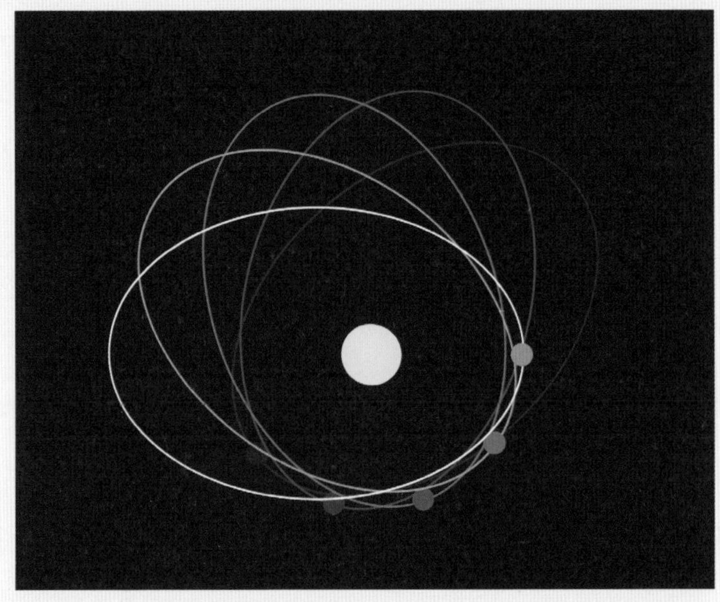

• 수성은 근일점이 100년마다 574초 정도 옮겨가는 이상한 궤도로 태양을 돌고 있다.

사이에서는 이미 오래 전부터 수성이 이상한 행동을 하고 있다는 것이 널리 알려져 있음을 알게 되었다.

수성은 항상 같은 궤도를 따라 태양을 돌고 있는 것이 아니라 100년마다 근일점(태양과 가장 가까워지는 점)이 574초 정도 달라지는 이상한 궤도를 따라 태양을 돌고 있다. 뉴턴역학을 이용하여 수성의 궤도를 계산할 때는 다른 행성들의 영향을 무시하고 태양과 수성만 있다고 가정하고 궤도를 계산한다. 그러나 다른 행성들도 수성의 운동에 영향을 준다. 따라서 천문학자들은 수성의 이상한 행동을 다른 행성들의 중력 작용 때문이라고 생각하고 있었다.

다른 행성들의 영향을 감안하여 정밀한 계산을 한 천문학자들은 574초 중 531초는 다른 행성들의 영향이라는 것을 밝혀냈다. 그러나 나머지 43초는 도저히 설명할 수 없었다. 따라서 어떤 사람은 수성 안쪽에 우리가 아직 발견하지 못한 소행성대가 있을 것이라고 주장하기도 했고, 어떤 사람은 수성궤도 안쪽에 불칸이라고 부르는 또 하나의 행성이 있을 것이라고 주장하기도 했다. 그러나 그런 천체들을 찾아내지는 못하고 있었다.

아인슈타인은 수성의 이상한 행동이 자신의 이론이 옳다는 것을 증명해 줄지도 모른다는 생각을 하게 되었다. 일반상대성이론을 이용하여 수성의 궤도를 계산한 아인슈타인은 관측 결과와 정확하게 일치하는 계산 결과를 얻어냈다. 아인슈타인은 이 결과를 얻었을 때의 기분을 "나는 며칠 동안 흥분으로 정신을 차릴 수 없었다"라고 기록해 놓았다.

그러나 물리학자들은 아인슈타인의 계산 결과를 전적으로 신뢰하지 않았다. 그들은 이미 알려져 있는 사실에 맞도록 이론을 만들었기 때문이라고 생각했다. 그들은 아인슈타인이 수성의 궤도를 계산해낸 다음에도 수성 궤도 안쪽에서 새로운 행성이나 소행성을 찾아내려고 했다. 새로운 행성이나 소행성을 찾아내는 데 실패하자 어떤 천문학자는 중력법칙에 포함되어 있는 r^2을 $r^{2.00000016}$으로 바꾸면 뉴턴의 중력이론으로도 수성 궤도를 설명할 수 있다고 주장하기도 했다. 아무런 과학적 근거가 없는 이런 주장들은 기존의 이론을 고수하고 싶어 했던 사람들의 노력을 잘 나타낸다.

많은 사람들이 일반적으로 받아들이는 기본적 이론이나 과학적 방법을 과학사를 연구하는 사람들은 패러다임이라 부르고, 하나의 패러다임이 다른 패러다임으로 바뀌는 것을 과학 혁명이라고 한다. 일반상대성이론은 과학 혁명이었고 혁명은 쉽게 이루어지는 것이 아니었다. 따라서 아인슈타인의 새로운 이론이 인정받기 위해서는 뉴턴역학의 예측과 뚜렷하게 다른 예측을 하고 그런 예측이 옳다는 것을 증명해주는 관측이나 실험결과를 찾아내야 했다.

1915년에 일반상대성이론이 등장한 후 이 이론이 옳은지를 알아보기 위한 많은 관측과 실험이 이루어졌다. 일반상대성이론이 제안되고 100년 이상이 지난 지금 우리가 일반상대성이론 이야기를 하는 것은 이 이론이 수많은 정밀하고 엄격한 실험을 통과했기 때문이다.

그렇다면 아인슈타인의 일반상대성이론을 증명한 실험이나 관측에는 어떤 것들이 있었을까?

일식 실험

일반상대성이론에 대한 실험 중에서 가장 유명한 실험은 일식 때 태양 주위의 별들 사진을 찍어 태양이 없을 때 찍은 별들 사진과 비교해보는 일식 실험이었다. 일반상대성이론에서 예측한 대로 태양 주변의 공간이 휘어져 있다면 별에서 오는 빛이 태양 주변을 지나오는 동안 휘어져오기 때문에 별들의 위치가 달라져 보일 것이다. 따라서 일식 때 찍은 사진과 밤하늘에서 찍은 사진을 비교하여 위치가 달라진 정도를 측정하면 일반상대성이론의 진위여부를 가릴 수 있다.

이런 실험을 처음 계획했던 사람은 아인슈타인과 에르빈 프로인들리히였다. 아인슈타인은 일반상대성이론을 발표하기 전인 1914년 8월 21일에 있었던 일식 때 태양 주위의 별들 사진을 찍어 증거자료로 일반상대성이론 논문에 포함시킬 생각이었다. 프로인들리히가 이 일식을 관측하기 위해 러시아로 갔지만 여행하는 도중 제1차 세계대전이 발발해 프로인들리히는 러시아 포로가 되고 말았다. 포로로 잡혔던 프로인들리히는 포로교환을 통해 독일로 돌아올 수 있었지만 관측 여행은 실패로 끝나고 말았다.

일식 실험을 성공적으로 해낸 사람은 영국의 천문학자 아서 에딩턴이었다. 케임브리지 천체연구소 소장이었던 에딩턴은 일반상대성이론을 누구보다 잘 이해하고 있던 사람이었다. 에딩턴이 쓴 『수학적 상대성이론』이라는 책을 본 아인슈타인은 상대성이론에 관한 책들 중에서 가장 훌륭한 책이라고 칭찬하기도 했다.

에딩턴은 1919년 3월 29일에 일어날 개기일식이 많은 별들이 몰려 있는 히아데스성단을 배경으로 하여 일어나기 때문에 별빛이 중력에 의해 휘어진다는 것을 측정하기에 가장 좋은 조건이라는 것을 알고 있었다. 이 일식은 남아메리카와 아프리카에서 관측할 수 있는 일식이었다. 1919년 3월 8일 리버풀을 출발한 에딩턴은 탐사대를 두 팀으로 나누어 한 팀은 브라질의 소브라우로 가고, 에딩턴이 이끄는 두 번째 팀은 서부 아프리카의 적도 기니 해변으로부터 조금 떨어져 있는 프린시페 섬으로 향했다. 두 곳 중 한 곳의 날씨가 나쁘더라도 다른 곳에서는 일식 사진을 찍을 수 있도록 하기 위해서였다.

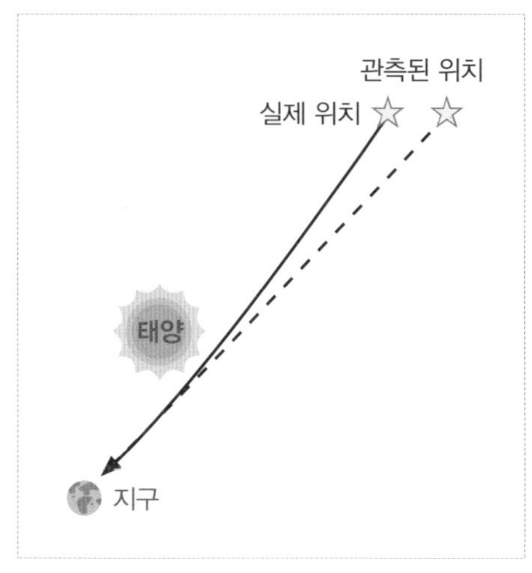

● 일식 때 찍은 사진에는 태양 주변의 별들이 태양으로부터 멀어진 것으로 관측된다.

3월 29일이 되자 소브라우와 프린시페에 천둥과 번개를 동반한 폭우가 쏟아지기 시작했다. 프린시페에서는 달이 태양의 가장자리를 가리기 한 시간 전쯤에 폭우가 약해졌다. 하지만 하늘은 구름으로 덮여 있어 일식 사진을 찍을 수 있을지 알 수 없었다. 이때의 일을 에딩턴은 다음과 같이 기록해 놓았다.

"비는 정오쯤에 그쳤다. 그리고 태양이 부분적으로 가려지기 시작할 때인 1시 30분쯤에 구름 사이로 태양 빛을 조금씩 볼 수 있었다. 우리는 운에 맡기고 사진 찍는 일을 계속할 수밖에 없었다. 나는 사진 건판을 바꿔 끼우느라고 일식을 보지 못했다. 일식

● 에딩턴이 1919년 프린시페에서 찍은 일식 사진. 밝은 태양의 코로나 때문에 별들이 희미하게 보이지만 두 줄로 표시한 부분의 가운데에 별이 보이고 있다.

이 시작했는지를 확인하기 위해 하늘을 쳐다본 것과 구름이 얼마나 남아 있는지를 보기 위해 하늘을 쳐다본 것이 전부였다."

프린시페 팀에서 찍은 16장의 사진 대부분은 구름이 별들을 가려 쓸모가 없었다. 그러나 구름이 없어지는 아주 짧은 순간에 찍은 한 장의 사진에는 별들이 나타나 있었다. 태양에 아주 가까이 있는 별들은 태양의 코로나 때문에 이 사진에는 찍히지 않았다. 그러나 태양으로부터 조금 더 떨어져 있는 별들은 볼 수 있었다. 에딩턴은 이 사진에 나타난 별들의 위치를 태양이 없는 밤에 찍은 사진에 나타난 별들의 위치와 비교했다. 그 결과 별들의 위치가 일반상대성이론에서 예측한 것과 같이 달라져 있었다.

에딩턴의 관측 결과는 1919년 11월 6일 왕립천문학회와 왕립협회가 공동으로 주관한 학술회의에서 발표되었다. 에딩턴의 관측 결과는 일반상대성이론을 받아들이게 하는 결정적 증거가 되었다. 그의 관측은 뉴턴 시대의 종말을 고하고 일반상대성이론 시대의 시작을 알리는 것이었다. 다음 날 에딩턴의 발표는 전 세계 신문에 실렸다. 이로 인해 아인슈타인은 과학자로서는 처음으로 세계적 슈퍼스타가 되었다.

중력에 의한 시간지연 실험

에딩턴의 중력 실험이 있은 후에도 일반상대성이론에 대한 실험은 계속되었다. 중력에 의해 공간이 휘어진다는 것을 확인하기 위해 1919년 이후 있었던 일식 때마다 많은 사람들이 일식 사진을 찍어 밤하늘의 사진과 비교했다. 그리고 일반상대성이론의 또 다른 중요한 결과인 중력에 의한 시간지연 효과에 대한 실험도 이어졌다.

1959년 하버드대학 물리학과 교수였던 로버트 파운드와 그의 대학원생이던 글렌 레브카가 감마선을 이용하여 지구 중력이 감마선의 파장에 주는 영향을 확인할 수 있는 실험을 계획했다. 이것은 중력에 의한 적색편이를 확인하는 실험이었고, 곧 중력에 의한 시간지연을 확인하는 실험이기도 했다.

원자핵 주위를 돌고 있는 전자들이 에너지가 높은 상태에 있다가 바닥상태로 떨어질 때는 두 상태의 에너지 차이에 해당하는 전자기파를 방출한다. 이때 방출하는 전자기파의 파장과 같은 파장의 전자기파를 원자가 흡수하면 바닥상태에 있던 전자가 에너지가 높은 상태로 올라갈 수 있다. 따라서 같은 원자는 자신이 내는 파장과 같은 파장의 전자기파만 흡수한다.

원자가 중력이 작용하지 않는 곳에 놓여 있는 경우에는 방출하는 전자기파와 흡수하는 전자기파의 파장이 일치한다. 그러나 높은 곳에 있는 원자가 낸 전자기파가 낮은 곳에 있는 원자에 도달하면 중력에 의한 청색편이의 영향으로 파장이 달라져 원자가 흡수하지 못한다. 반대로 낮은 곳에 있는 원자가 낸 빛이 높은 곳에 도달하면 중력에 의한 적색편이로 인해 파장이 길어져 원자가 흡수하지 못한다.

파운드와 레브카는 방사성 동위원소인 철-57 원자핵에서 방출된 전자기파가 제퍼슨 연구동에 있는 길이 22.5미터의 엘리베이터 통로를 통해서 내려갈 때 파장이 짧아지는 것과, 올라갈 때 파장이 길어지는 것을 측정하는 데 성공했다. 그들의 관측 결과는 일반상대성이론의 예측 결과와 일치했다. 그것은 건물의 아래층과 위층 사이에도 중력 차이로 인한 시간지연이 나타나고 있다는 것을 의미했다. 이것은 아파트 위층에 살고 있는 사람이 아래층에 살고 있는 사람보다 나이를 빨리 먹는다는 것을 의미한다.

1964년에 미국의 천체물리학자였던 어윈 샤피로는 일반상대성이론을 이용하여 빛이 중력이 강한 곳을 통과하면 시간이 조금 더 걸릴 것이라는 이론적 예측을 내놓았다. 그리고 1968년에는 지구에서 중력이 강한 태양 가까이에서 태양을 돌고 있는 금성이나 수성까지 전자기파가 오고 가는 데 걸리는 시간을 측정하여 5% 오차 범위 안에서 이러한 예측과 일치하는 결과를 얻는 데 성공했다.

지구에서 볼 때 화성은 태양의 반대편에 있기도 하고 태양과 같은 방향으로 태양보다 더 멀리 떨어져 있기도 하다. 화성이 태양 반대편에 있을 때는 화성과 통신이 태양의 영향을 받지 않지만, 화성이 태양 쪽에 있을 때는 화성으로 오고가는 전자기파가 태양 부근을 지나가야 하기 때문에 태양 중력의 영향을 받는다. 1979년에 화성에 보낸 바이킹 탐사선과 통신 시간을 측정한 과학자들은 중력에 의한 시간지연을 0.1%의 오차 범위 내에서 측정하는 데 성공했다. 화성에 가 있던 바이킹 탐사선이 보낸 신호가 태양 부근을 지나오는 동안에 247마이크로초 지연되는 것을 확인한 것이다.

화성 탐사선 마리너 6호와 7호, 그리고 보이저 2호와 같은 우주 탐사선을 이용해서도 같은 실험을 했다. 2003년에는 토성으로 향하는 카시니 탐사선을 이용하여 정밀한 샤피로 시간지연 실험이 진행되었다. 실험결과는 오차 범위 0.002% 내에서 일반상대성이론과 일치하는 것이었다.

아인슈타인은 큰 밀도를 가지고 있는 백색왜성이 내는 빛의 스펙트럼을 조사하면 중력에 의한 적색편이를 확인할 수 있을 것이라고 예측했다. 1925년에 월터 시드니 아담스가 가장 밝은 별인 시리우스의 동반성인 시리우스-B가 내는 스펙트럼을 관측하려고 시도했다. 그러나 시리우스의 밝은 빛으로 인해 정확한 스펙트럼을 얻는 데 실패했다. 처음으로 백색왜성이 내는 스펙트럼을 정확하게 측정한 것은 UCLA 대학의 다니엘 포퍼가 1954년에 40 에리다니-B의 스펙트럼을 측정한 것이었다. 40 에리다니-B는 최초로 발견된 백색왜성으로 동반성이 그다지 밝지 않아 관측이 용이한 백색왜성이다. 그리고 1971년에는 제시 그린스타인이 시리우스-B의 스펙트럼을 관측하는 데 성공했다. 후에 허블 우주 망원경도 이 백색왜성의 적색편이를 측정했다. 이러한 측정 결

● 어윈 샤피로는 화성 탐사선 마리너 6호, 7호와의 통신에 나타난 시간지연 현상이 일반상대성이론에 의한 시간지연 때문이라는 것을 밝혀냈다.

과들은 모두 일반상대성이론이 예상했던 값과 오차 범위 안에서 일치했다.

1971년에는 조지프 하펠레와 리처드 키팅의 실험이 있었다. 미국 세인트루이스에 있는 워싱턴대학의 물리학 교수였던 하펠레는 간단한 계산을 통해 세슘 원자가 방출하는 진동수가 9,192,631,770인 복사선을 이용하는 원자시계를 사용하면 여객기를 이용해서도 일반상대성이론의 시간지연 효과를 실험할 수 있다는 것을 알게 되었다. 이 실험을 위한 경비를 지원받기 위해 많은 사람들과 접촉하던 하펠레는 해군 천문관측소에서 일하고 있던 키팅을 만나 이 실험을 같이 하기로 했다.

해군으로부터 연구 자금을 지원받는 데 성공한 하펠레와 키팅은 원자시계를 가지고 여객기를 이용해 동쪽으로 비행하면서 지구를 돌았다. 동쪽으로 도는 것은 지구가 자전하는 방향과 같은 방향으로 도는 것이어서 지상에 있는 시계와의 상대속력이 컸다. 그 다음에는 서쪽으로 비행하여 지구를 돌았다. 서쪽으로 돌면 지구의 자전 방향과 반대 방향으로 도는 것이기 때문에 지상에 있는 시계와의 상대속력이 작았다. 그들은 이런 상대속력의 차이로 인한 특수상대성이론의 효과를 계산했다.

한편, 비행기의 고도로 인해 지상에 있는 시계와 비행기에 실려 있는 시계에 작용하는 중력이 달라진다. 하펠레와 키팅은 고도의 차이에 따른 중력 시간지연도 계산했다. 그들은 두 가지 시간지연 효과를 더하면 동쪽으로 비행하는 경우에는 비행기에 실려 있는 시계가 40나노초 느려지고, 서쪽을 비행하는 경우에는 비행기에 실려 있는 시계가 지상의 시계보다 275나노초 빨라질 것이라고 예측했다.

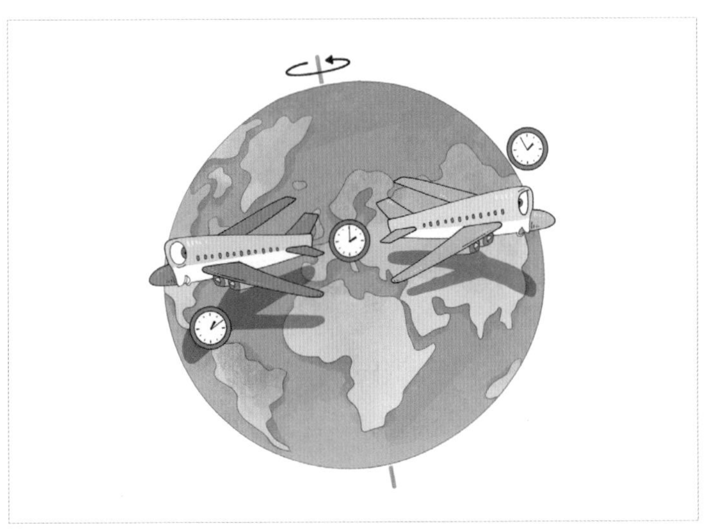

• 하펠레와 키팅은 원자시계를 가지고 여객기로 동쪽과 서쪽으로 비행하면서 특수상대성이론과 일반상대성이론에 의한 시간지연을 실험적으로 확인했다.

그들은 이 실험을 통해 동쪽으로 비행한 비행기에 실려 있던 원자시계는 지상에 있던 원자시계보다 59나노초 느리게 간다는 것을 관측했고, 서쪽으로 비행한 비행기에 실려 있던 원자시계는 273나노초 빠르게 간다는 것을 확인했다. 이것은 오차 범위 안에서 이론적 예측과 잘 맞는 결과였다. 이들의 실험결과는 1972년 〈사이언스〉지에 발표되었다.

그래비티-B 위성의 측정

2004년에는 스탠퍼드대학 연구팀이 지구 질량에 의해 휘어져 있는 시공간을 측정하기 위해 그래비티-B 위성을 지구 궤도에 올려놓고 2005년까지 관측 자료를 수집했다. 그래비티-B 인공위성에는 초전도체로 코팅되어 있는 탁구공 크기의 수정으로 만든 자이로스코프가 실려 있었다. 자이로스코프는 회전 관성에 의해 항상 같은 방향을 유지하도록 고안한 장치로 비행기가 비행할 때 방향을 정하기 위해 사용되는 장치이다.

그래비티-B에 실려 있는 자이로스코프는 페가수스자리의 IM 별을 향해 고정되었다. 만약 지구 주위의 공간이 휘어져 있지 않다면 그래비티-B가 지구를 공전하는 동안 이 자이로스코프들은 항상 이 별을 향하고 있어야 한다. 그러나 지구 주위의 시공간이 휘어져 있다면 위성이 지구의 반대편에 왔을 때 자이로스코프의 방향이 달라져 있어야 한다.

그래비티-B 위성의 측정결과 페가수스자리의 IM 별에 정확하게 정렬시켜 놓았던 그래비티-B의 자이로스코프는 1년 동안에 6,606초(0.0018도) 정도 방향을 바꾸는 것을 확인했다. 이 결과는 1%의 오차 범위 내에서 일반상대성이론의 예상과 일치하는 것이었다. 그래비티-B 프로젝트의 책임자인 스탠퍼드대학의 프란시스 에버릿은 자이로스코프를 이용해 지구 주변에 휘어진 공간을 직접 측정하는 데 성공했다고 발표했다.

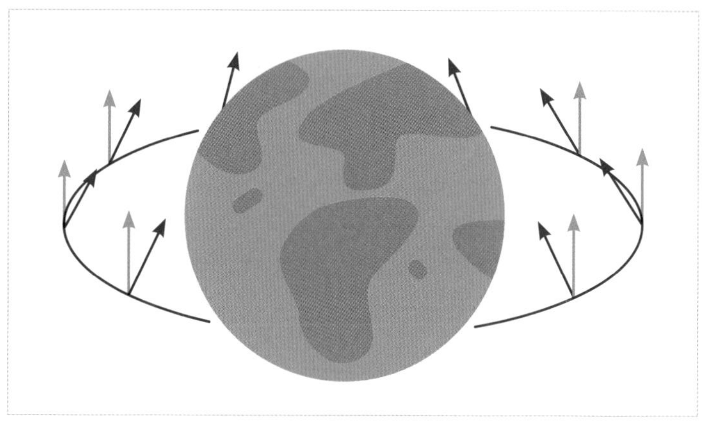

● 지구 주위의 공간이 휘어져 있으면 자이로스코프가 지구 주위를 회전하는 동안 멀리 있는 별을 향해 고정되어 있는 자이로스코프의 방향이 달라진다(검은 화살표).

중력파의 관측

일반상대성이론을 지지하는 많은 실험결과에도 불구하고 과학자들은 일반상대성이론의 결정적 증거를 기다리고 있었다. 그것은 공간의 흔들림을 관측하는 것이었다. 질량은 주변 공간을 휘게 할 수 있다. 질량이 공간을 휘게 할 수 있다면 폭발이나 충돌과 같은 급격한 질량의 변화는 시공간을 흔들어 놓을 것이다. 급격한 질량의 변화에 의한 공간의 흔들림이 파동의 형태로 퍼져나가는 것이 중력파이다.

일반상대성이론의 예측 중 가장 많은 과학자들의 관심을 끈 것은 중력파의 존재에 대한 예측이었다. 일반상대성이론이 제안된 후 많은 실험을 통해 일반상대성이론이 옳다는 증거들을 찾아냈지만 과학자들은 결정적 증거가 될 중력파를 찾아내지는 못하고 있었다.

멀리 있는 곳에서 일어난 폭발이나 충돌에 의한 공간의 흔들림은 아주 작아서 그것을 측정하는 것은 아주 어려운 일이었다. 따라서 중력파를 검출하기까지는 많은 시행착오가 있었다. 중력파 검출 장치를 처음 만든 사람은 미국 해군장교였던 조셉 웨버였다. 웨버는 1955년부터 미국 국립과학재단에서 연구비를 받아 안식년 동안 메릴랜드대학에서 중력파 검출 장치를 만들기 시작했다.

중력파가 지나가면 공간이 흔들리기 때문에 공간에 있는 모든 것의 길이가 늘어났다 짧아졌다 한다. 웨버는 길이가 2미터이고 지름이 1미터인 알루미늄 원통으로 이루어진 중력파 측정 장치를 만들었다. 웨버는 웨버 바라고 부르는 이 장치를 이용하면 중력파에 의해 길이가 달라지는 것을 측정할 수 있다고 했다. 1968년에 웨버는 웨버 바를 이용하여 중력파를 검출하는 데 성공했다고 발표했다.

웨버의 발표는 많은 물리학자들의 관심을 끌었다. 이로 인해 중력 측정 실험을 하는 사람들이 많아졌다. 많은 사람들이 웨버

바를 만들어 웨버의 실험을 다시 해보았다. 그러나 다른 학자들은 웨버와 같은 실험결과를 얻을 수 없었다. 따라서 웨버가 중력파라고 생각했던 것이 사실은 냉각장치를 사용하지 않았기 때문에 생긴 알루미늄 원자의 열운동에 의한 진동이었다고 주장하는 사람들이 나타났다. 웨버의 장치는 중력파를 검출할 수 있을 정도로 정밀하지 않다고 지적하는 사람들이 많아지면서 중력파를 검출하는 데 성공했다는 그의 주장은 받아들여지지 않았다.

물리학자들은 웨버 바와는 다른 중력파 검출 장치를 개발하기 시작했다. 알루미늄 막대 대신 레이저 간섭계를 이용하여 공간의 흔들림을 측정하는 방법이 연구되었다. 레이저 간섭계를 이용하는 중력파 검출 장치를 라이고LIGO라고 부른다. LIGO는 레이저 간섭계 중력파 관측소라는 뜻을 가진 영어의 머리글자를 따서 만든 약자이다.

LIGO는 두 개의 관을 직각으로 설치한 것이다. 고도의 진공상태를 유지하고 있는 관 끝에 설치된 거울을 향해 발사된 레이저가 거울에 반사된 후 다시 한 점에 모여 간섭무늬를 만든다. 두 관의 길이가 같을 때는 두 빛이 보강간섭을 일으켜 밝은 무늬를 만들지만, 중력파에 의해 한 관의 길이가 조금이라도 변하면 간섭무늬의 밝기가 변하게 된다. LIGO에서는 이러한 간섭무늬의 밝기 변화를 측정하여 원자핵의 지름보다 작은 길이의 변화까지도 알아낼 수 있다.

1970년대에는 길이가 수 미터에서 수십 미터 정도인 소형 라이고를 이용하여 중력파 검출을 위한 기술을 발전시켜 나갔다. 그리고 1994년 본격적인 라이고 제작을 위한 작업이 시작되었다. 라이고 제작을 위해 가장 먼저 해야 했던 일은 엄청난 금액의 연구자금을 확보하는 일이었다. 미국 국립과학재단의 노력으로 미국 워싱턴 주 헨포드와 루이지애나 주 리빙스턴에 관의 길이가 4킬로미터나 되는 라이고가 설치되어 2002년에 처음 가동을 시작했다.

그러나 2002년부터 2007년까지 5년 동안 작동한 LIGO는 중력파 측정 기술 개발이 주목적이었기 때문에 실제로 중력파를 측정하지는 못했다. 여러 가지 실험을 통해 기술을 축적한 연구팀은 라이고의 가동을 중단하고 LIGO를 어드밴스드 LIGO로 업그레이드 하는 작업을 시작했다. 2007년 5월에는 유럽에 또 다른 중력파 측정 시설인 비르고VIRGO가 건설되어 LIGO와 함께 중력파 측정 활동을 시작했다.

어드밴스드 라이고로의 업그레이드 작업이 끝나갈 무렵인 2015년 9월 14일 중력파로 보이는 신호가 감지되었다. 과학자들은 즉시 검증 작업을 시작했다. 검증 작업은 6개월 동안이나 계속되었다. 모든 검증 과정을 거친 과학자들은 이 신호가 지구로부터 약 13억 광년 떨어져 있는 곳에서 서로를 돌고 있던 태양 질량의 36배와 29배인 두 개의 블랙홀이 충돌하면서 만들어낸 중력파라는 것을 알아내고, 2016년 2월 11일 중력파 측정에 성공했다고 발표했다.

중력파 측정은 이후에도 계속되었다. 2016년 2월에는 14억 광년 떨어진 곳에서 태양 질량의 21배 정도의 질량을 가진 블랙홀이 만들어질 때 발생한 두 번째 중력파 측정에 성공했다는 발표가 있었고, 2018년 5월에는 30억 광년 떨어진 곳에서 두 개의 블랙홀이 충돌해 태양 질량의 49배 정도의 질량을 가지고 있는 블랙홀이 만들어지는 과정에서 발생한 중력파를 측정했다는 발표가 있었다. 이 중력파를 실제로 측정한 것은 2017년 1월 4일이었다. 일반상대성이론을 증명하는 결정적인 증거라고 여겨졌던 중력파가 드디어 과학자들 앞에 모습을 드러낸 것이다.

중력파 측정 기술이 발전하면 중력파는 우주를 보는 새로운 창을 제공할 것으로 기대되고 있다. 지금까지는 가시광선을 비롯한 파장이 다른 여러 가지 전자기파를 이용하여 우주를 관측했다. 그러나 전자기파로는 물질 내부를 들여다 볼 수 없기 때문에 별 내부에서 일어나고 있는 일들이나 은하 중심에서 일어나는 일들을 관측할 수는 없다. 하지만 중력파를 이용하면 별의 내부나 은하의 중심 부분은 물론 불투명했던 우주 초기까지 관측할 수 있을 것으로 기대하고 있다. 중력파는 우주를 관측하는 또 다른 강력한 수단을 제공하여 우주에 대한 인류의 지식을 크게 확장시킬 것이다.

우리 상식으로는 이해하기 어려운 특수상대성이론과
일반상대성이론의 내용을 받아들여야 하는 것은 이런 내용들이 수많은
실험이나 검증을 통해 확인되었기 때문입니다. 그것은 우리의 감각 경험이
그렇게 완전하지 않다는 것을 나타냅니다. 따라서 자연의 참모습을 알아내기
위해서는 과감하게 상식을 뛰어넘는 용기와 창의력이 필요합니다.
상대성이론을 통해 자연의 비밀 한 자락을 들춰
볼 수 있다는 것은 매우 즐거운 일입니다.

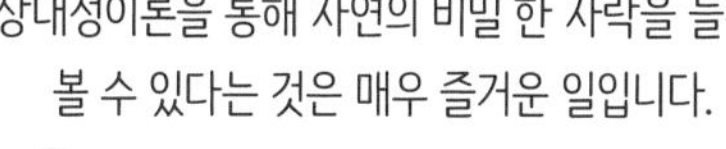

일반상대성이론에 의하면 질량 주변의 공간이 휘어진다. 밀도가 커질수록 주변 공간이 심하게 휘어져 곡률이 크게 증가한다. 그렇다면 밀도가 무한대로 증가하면 주변의 공간이 어떻게 될까? 밀도가 무한대가 되면 곡률 역시 무한대가 되면서 공간에 수직 우물이 만들어지는 것처럼 빛을 포함해 모든 것이 빨려 들어가는 블랙홀이 만들어진다.

그렇다면 블랙홀로 빨려 들어간 물질과 에너지는 어떻게 될까? 과학자들 중에는 블랙홀의 반대편 끝에는 모든 것을 뿜어내는 화이트홀이 있을 것이라고 주장하는 사람들도 있다. 화이트홀은 우리 우주의 다른 지점에 있을 수도 있고, 다른 우주에 있을 수도 있다. 블랙홀과 화이트홀을 연결하는 통로가 웜홀이다.

웜홀을 말 그대로 번역하면 벌레 구멍이다. 사과 표면에 있는 벌레가 반대편으로 가기 위해서는 표면을 따라가는 것보다는 사과 중심을 지나가는 벌레 구멍을 통과해가는 것이 빠르다. 웜홀은 시공간의 다른 지점을 연결하는 벌레 구멍이라는 의미이다.

처음에는 블랙홀과 화이트홀을 연결하는 통로를 웜홀이라고 생각했으나 화이트홀의 존재 가능성이 없다고 생각하는 사람들이 늘어나면서 웜홀은 블랙홀과 블랙홀을 연결하는 통로라고 생각하는 사람들이 많아졌다. 그런가 하면 웜홀이 존재하지 않는다고 주장하는 사람들도 많다.

그러나 특정한 조건에서는 웜홀을 안정적으로 유지할 수 있고, 이것을 통해 우주여행을 할 수 있다고 주장하는 학자들도 있다. 이후 이 이론을 더욱 발전시킨 학자들 중에는 웜홀을 통과하는 동안의 시간지연 현상을 이용하여 시간여행도 가능할 것이라고 주장하는 사람들도 나타났다. '인터스텔라'와 같은 영화에서는 웜홀을 통해 시간여행을 하는 이야기가 등장한다. 학자들 중에는 크기가 10~33cm 정도인 양자 웜홀은 존재할 가능성이 있지만 사람이 시간여행을 할 정도의 커다란 웜홀은 존재할 수 없다고 주장하는 사람도 있다.

그러나 웜홀이나 시간여행과 관련된 모든 주장들은 실험을 통해 확인되지 않았다. 따라서 실험을 통해 확인된 것만을 과학적 사실로 받아들이는 대부분의 과학자들은 웜홀을 이용한 시간여행을 공상과학 소설 정도로 취급하고 있다. 그러나 우주는 지금까지 여러 번 우리의 예측이나 상상과는 다른 것들이 가능하다는 것을 보여주었다. 따라서 오늘은 불가능할 것이라고 생각하는 일들이 내일 가능하다고 밝혀질 수도 있다. 우리는 무한한 가능성을 가지고 있는 우주에 살고 있다. 어떤 과학자의 말처럼 우주에서는 상상했던 것보다 이상한 일들만 일어나고 있는 것이 아니라, 우리가 상상할 수 있는 어떤 것보다도 이상한 일들이 일어나고 있다.

■ 이 책에 사용한 대부분의 사진은 저작권이 소멸되었거나 저작자를 표시하면 자유로이 이용할 수 있는 것입니다. 허가를 받지 못한 일부 사진에 대해서는 저작권자가 확인되는 대로 게재 허가를 받고 사용료를 지불하겠습니다.

상대성이론은 처음이지?

1판 1쇄 발행일 2019년 11월 18일 | 1판 3쇄 발행일 2021년 11월 17일

글쓴이 곽영직 | 펴낸곳 (주)도서출판 북멘토 | 펴낸이 김태완

편집주간 이은아 | 편집 이경윤, 조정우 | 디자인 책은우주다, 안상준 | 마케팅 최창호, 민지원

출판등록 제6-800호(2006. 6. 13.)

주소 03990 서울시 마포구 월드컵북로6길 69(연남동 567-11) IK빌딩 3층

전화 02-332-4885 팩스 02-6021-4885

bookmentorbooks__ bookmentorbooks bookmentorbooks@hanmail.net

ⓒ 곽영직, 2019

※ 잘못된 책은 바꾸어 드립니다.

※ 이 책은 저작권법에 따라 보호를 받는 저작물이므로 무단 전재와 무단 복제를 금합니다.
이 책의 전부 또는 일부를 쓰려면 반드시 저작권자와 출판사의 허락을 받아야 합니다.

※ 책값은 뒤표지에 있습니다.

ISBN 978-89-6319-337-3 03420

「이 도서의 국립중앙도서관 출판시도서목록(CIP)은 서지정보유통지원시스템 홈페이지(http://seoji.nl.go.kr)와 국가자료공동목록시스템(http://www.nl.go.kr/kolisnet)에서 이용하실 수 있습니다.(CIP제어번호: CIP2019044695)